Kcal
성인병 예방과 다이어트를 위한 맞춤 칼로리
내 몸에 약이 되는
칼로리 요리
Up&Down
이건순 감수 | 배태자 지음 
122 kcal
고구마 카나페   
27 kcal
두부 조림

예신 Books

32 kcal
해초(다시마) 샐러드

# 감수의 글

평소 요리를 좋아하고, 건강요리와 죽요리의 전문가로서 강남 여성 회관을 비롯한 시내 주요 중·고등학교의 학부모를 대상으로 건강요리를 강의해 오던 배태자 선생이 맛있는 요리책을 출간하였다.

이 책은 오늘날 사람들에게 화두가 되고 있는 웰빙(physical well-being)에 대한 본질적 문제 중 하나인 음식을 통한 질병 예방 및 건강 증진을 위한 요리법을 소개하고 있다. 특히 고혈압, 당뇨, 비만, 암, 고콜레스테롤증 예방요리, 그리고 금주 및 금연에 도움이 될 수 있는 다양한 요리를 주변에서 구하기 쉬운 재료를 사용하여 요리할 수 있는 방법 및 특성을 자세하게 설명하였다.
따라서 이 책은 환자는 물론이고, 예방 차원에서 대단히 큰 도움을 줄 수 있는 건강 음식 요리 서적이라고 할 수 있다.

이 책은 저자가 그동안의 실천적 경험과 식품·요리에 대한 풍부한 이론적 지식을 바탕으로 개발한 요리법을 제시하고 종래의 요리법을 개선하였다는 점에서 실용성이 돋보이는 요리책 중의 요리책이다.
이 책을 통해서 환자는 물론이고 건강한 사람들도 미리 질병을 예방함으로써 보다 건강한 생활을 누렸으면 하는 바람이다.

이건순 교수 (lgs@kn.ac.kr)

382
kcal

삼겹살 채소말이 쌈

# 머리말

진정한 의미의 웰빙이란 '잘 먹고 건강하게 잘 사는 것'이 아닐까. 현대인의 생활 속 질병 중에는 식생활 습관의 잘못으로 오는 병이 많은데 아프기 전에 미리 내 몸에 맞는 음식으로 질병을 예방하는 것도 좋은 방법이다. 따라서 우리 가족 모두가 행복하고 건강하게 생활하기 위해서는 음식이 건강에 미치는 영향이 큰 만큼 요리를 담당하는 주부의 역할이 무엇보다 중요하다.

사랑하는 가족을 위해 사랑이 담긴 멋진 요리를 해 준다면 세상에서 가장 행복한 아내, 엄마가 될 것이다. 잘못된 식습관인 패스트푸드, 인스턴트 식품, 외식 등을 줄이고 두부, 된장, 청국장, 들깨, 부추, 브로콜리 등 가공되지 않은 자연의 맛과 영양이 듬뿍 담긴 재료로 밥상을 차린다면 자연스럽게 내 몸과 내 가족이 건강해져서 보약이 따로 필요 없게 된다. 음식만 잘 챙겨 먹어도 각종 생활 습관병은 충분히 예방할 수 있으므로 우리의 조그만 노력이 진정한 '밥상 위의 보약'이 아닐까 다시 한 번 생각해 본다.

우리 가족의 건강을 위해 항상 염려하는 주부들의 고민을 조금이나마 덜어 드리고 싶은 작은 소망으로 어느 책보다도 더 설레는 마음으로 차근차근 꼼꼼히 기록하며 가슴 벅차게 이 책을 준비하였다.

이 책은 화학조미료를 전혀 쓰지 않고 천연 육수, 국물만을 사용하여 천연 재료 자체에서도 얼마든지 깊은 맛이 우러나옴을 보여주고, 고혈압, 당뇨병, 비만, 암, 고콜레스테롤증 예방 요리와 금주·금연에 도움을 주는 요리를 칼로리와 함께 소개하였다. 또 보약 밥상에 가장 중요한 제철에 맞는 싱싱한 재료, 색깔별로 보는 건강의 비밀, 주재료의 성분 분석으로 성인병 예방에 대해 상세히 알 수 있도록 하였으며, 요리를 하면서 생기는 궁금증은 바로바로 풀어 놓았다.

이 책이 나오기까지 감수를 해주시고 힘써주신 이건순 교수님께 감사드리며, 재료 구입에서부터 요리까지 함께 도와준 춘화 언니에게도 고마움을 전한다. 그리고 항상 옆에서 힘이 되어주고 기쁨이 되어주는 세상에서 가장 사랑하는 남편과 멋진 아들 주현, 태현이와 이 행복을 함께 하고 싶다. 끝으로 이 책을 예쁘게 만들어 주신 출판사 여러분께 진심으로 감사드린다.

배태자(bbiggu1204@hanmail.net)

CONTENTS

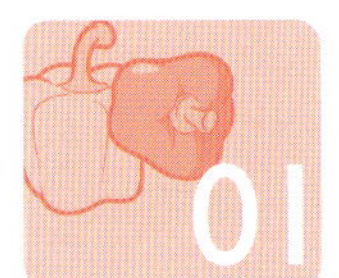

CONTENTS

# 색 깔 별 로 건강의 비밀을 알아보자!

### 녹색

간에 도움을 주며 대표적인 식품은 녹즙, 브로콜리, 쑥갓, 미나리, 시금치, 케일, 깻잎, 녹차, 키위, 솔잎, 매실, 오이, 아스파라거스, 뽕잎

### 검정색

신장에 도움을 주며 대표적인 식품은 검은콩, 블루베리, 검은깨, 흑미, 목이버섯, 김, 오골계, 장어, 수박씨, 올리브, 미역, 다시마, 오징어먹물, 낙지먹물, 김, 오디, 가지, 포도

### 붉은색

심장에 도움을 주며 대표적인 식품은 붉은고추, 피망, 오미자, 토마토, 자몽, 감, 대추, 구기자, 석류, 레드와인, 연어, 홍합, 팥, 김치, 붉은 파프리카, 붉은 양배추, 백년초

### 황색

위에 도움을 주며 대표적인 식품은 감귤, 오렌지, 당근, 카레, 단호박, 망고, 파인애플, 복숭아, 살구, 감, 청국장, 골드키위, 늙은 호박, 고구마, 옥수수, 바나나, 벌꿀

### 백색

폐에 도움을 주며 대표적인 식품은 양파, 마늘, 도라지, 무, 양배추, 배, 연근, 우엉, 한치, 오징어, 마, 율무, 콩나물, 감자

# 제 철 의 싱싱한 재 료 로 건강요리를 …

## 봄 (3 · 4 · 5월)

**채 소**
고사리, 아스파라거스, 봄동, 냉이, 고들빼기, 두릅, 쑥갓, 얼갈이, 돌미나리, 머위, 죽순, 쑥, 상추, 쪽파, 씀바귀, 순무, 시금치, 취나물, 파, 마늘종, 마늘, 완두콩

**해산물**
도다리, 광어, 우럭, 멍게, 조기, 뱅어포, 오징어, 학꽁치, 굴, 모시조개, 대합, 갈치, 김, 고등어, 키조개, 우럭, 미더덕, 참치, 도미, 청어, 바지락, 숭어

**과일&기타**
딸기, 유자, 귤, 살구, 앵두, 레몬

## 여름 (6 · 7 · 8월)

**채 소**
호박, 양파, 우엉, 감자, 가지, 깻잎, 오이, 부추, 피망, 열무, 양배추, 근대, 콩, 아욱, 옥수수, 껍질콩, 상추, 양상추, 노각, 푸른 고추, 고구마순, 셀러리

**해산물**
바닷가재, 성게, 잉어, 장어, 갈치, 미꾸라지, 민어, 갑오징어, 놀래미, 광어, 준치, 삼치, 다슬기, 병어, 전복, 바지락, 우럭

**과일&기타**
토마토, 산수유, 살구, 매실, 수박, 자두, 참외, 복숭아, 포도

## 가을 (9 · 10 · 11월)

**채 소**
더덕, 느타리버섯, 송이버섯, 표고버섯, 붉은 고추, 시금치, 고구마, 파프리카, 팥, 무, 브로콜리, 연근, 배추, 우엉, 당근, 파, 늙은 호박, 토란

**해산물**
꽁치, 전어, 연어, 가자미, 꽃게, 청어, 대하, 굴, 홍합, 꼬막, 장어, 오징어, 해삼, 대합, 김, 대구, 옥돔, 양미리, 낙지, 재첩, 광어, 참치, 우럭, 해파리

**과일&기타**
사과, 배, 감, 밤, 대추, 귤, 은행, 호두, 오미자, 키위, 인삼

## 겨울 (12 · 1 · 2월)

**채 소**
무, 숙주, 연근, 시금치, 브로콜리, 고구마, 양파, 순무, 배추, 콜리플라워, 고비, 당근, 달래, 생강

**해산물**
가자미, 꼬막, 대구, 굴, 다시마, 파래, 옥돔, 개조개, 문어, 해삼, 농어, 패주, 정어리, 김, 미역, 북어, 코다리, 동태, 방어, 쭈꾸미, 톳, 가오리, 홍게

**과일&기타**
귤, 곶감, 호두, 유자, 오렌지, 바나나

# ● 고혈압

고혈압은 뇌졸중이나 심근경색 등 심혈관계에 치명적인 합병증을 일으키는 무서운 질병이다. '침묵의 살인자'라고 불리는 고혈압은 뒷목이 뻐근한 느낌 외에는 별다른 자각 증상이 없어 대부분의 사람들이 그냥 지나치게 되므로 큰 병을 초래하게 된다.

**고혈압 예방에 좋은식품**  쑥갓, 당근, 감, 셀러리, 다시마, 양파, 완두콩, 꽁치, 들깨, 연어, 참깨, 청국장, 전복, 레몬, 감자, 고구마, 땅콩, 메밀, 버섯류, 과일류 등

**고혈압 예방 생활법**

| | | |
|---|---|---|
| 정상 체중을 유지하자. | 운동을 꾸준히 하자. 정신적, 육체적 건강을 유지해야 한다. | 고혈압의 원인이 되는 지방을 줄이자. |
| 스트레스는 바로 풀고 피로를 줄이자. | 과음을 하지 말자. 과음은 혈압을 오르게 하고 비만의 원인이기도 하다. | 나트륨이 체내에 축적되면 혈압을 상승시키므로 저염식이를 해야 한다. |
| 칼슘, 칼륨, 식이섬유소와 불포화지방산을 알맞게 섭취하자. | 흡연은 일시적으로 혈압을 오르게 하므로 줄이도록 하자. | 정기검진으로 미리 발견하여 건강을 관리하자. |

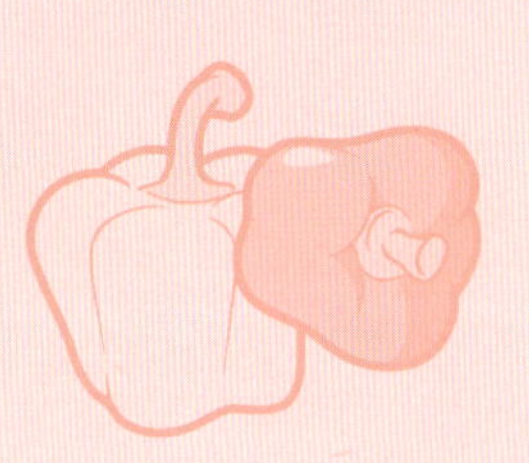

고혈압 예방

부드러운
## 저염식 요리

# 전복 내장죽

1인분 열량 [ **340** *kcal* ]

전복은 기력이 없거나 소화력이 약한 사람에게도 좋은 음식으로 맛과 향이 뛰어나 날로(회) 먹거나 죽으로 먹어도 으뜸이다. 전복에 있는 '아르기닌' 성분은 피로회복, 시신경 떨림 증세를 가라앉히는 효능이 있고 요오드 함량이 높아 고혈압 예방에 좋다.

## 이렇게 만드세요 !

**1 전복 손질하기**  전복은 솔로 깨끗이 씻어 분리한다.
- 내장까지 잘 분리하기 위해서 뾰족하지 않은 수저로 분리한다.

**2 전복 썰기**  전복은 편으로 썰고, 내장은 잘게 다진다.

**3 쌀 빻기**  쌀은 씻어 불린 뒤 절구에서 반 정도 으스러지게 빻는다.
- 쌀은 1시간 이상 충분히 불려서 물기를 빼고 빻는다.

**4 죽 끓이기**  냄비에 참기름 2큰술을 두르고 전복과 쌀을 볶다가 물 12컵을 넣고 은근히 끓인다.

**5 전복 내장 넣기**  쌀알이 완전히 퍼지면 다져 놓은 내장을 넣어 끓인다.
- 전복의 내장은 쓴맛이 없어 죽에 함께 넣어도 좋다.

**6 간 맞추기**  죽이 다 되면 소금으로 간을 하고 검은깨, 흰깨를 올린다.
- 여러 번 두고 먹을 양의 죽을 끓였을 경우에는 미리 소금간을 하지 말고 먹기 직전에 간을 한다.

### 재료 [4인분]

전복 2마리
불린 쌀 2컵(계량컵)
참기름 2큰술
물 12컵
소금 · 검은깨 · 흰깨 약간씩

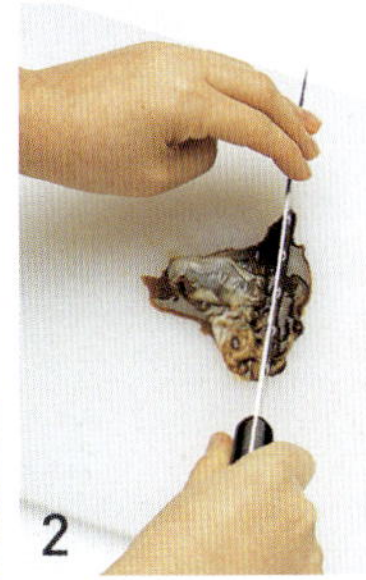

# 고구마 카나페

1인분 열량 [ **122** *kcal* ]

고구마는 위장을 튼튼하게 해주고 소화를 잘 되게 하며, 고구마의 흰색 진액은 '야라핀'이란 성분으로 변비의 치료에 도움을 준다. 고구마에는 칼륨 성분이 많은데 칼륨은 소변과 함께 나트륨을 배출시키는 작용을 하므로 각종 성인병과 고혈압 예방에 좋다.

## 이렇게 만드세요 !

**1 고구마 썰기**  고구마는 껍질째 0.5cm 두께로 썬다.
- 고구마가 너무 크면 먹기에 불편하므로 중간 크기가 좋다.

**2 브로콜리 데치기**  브로콜리는 가닥을 떼어 깨끗이 씻은 뒤 끓는 물에 약간의 소금과 식용유를 넣어 데친다.
- 소금은 녹색을 더욱 선명하게 해주고, 식용유는 윤기나게 한다.

**3 양파 썰기**  양파도 고구마와 같은 두께의 링 모양으로 썬다.

**4 과일 자르기**  방울토마토는 반으로 자르고, 키위는 둥근 모양으로 썰고, 파인애플은 먹기 좋게 자른다.

**5 고구마와 양파 굽기**  프라이팬에 기름을 두르지 않은 채 고구마와 양파를 노릇노릇하게 굽는다.

**6 그릇에 담기**  구운 고구마에 키위, 파인애플, 양파, 방울토마토, 밀감, 깐포도, 브로콜리를 모양 좋게 올리고 케첩과 마요네즈를 섞어서 뿌려 먹는다.

## 재료 [4인분]

고구마 2개
브로콜리 50g
양파 1개
키위 2개
방울토마토 10개
파인애플링 2개 (통조림)
밀감 1/2컵 (통조림)
깐포도 1/2컵 (통조림)
케첩 1큰술
마요네즈 2큰술

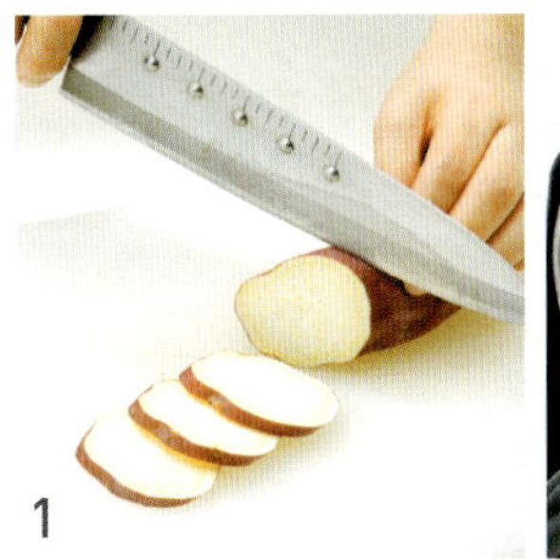

1

2

5

# 꽁치 조림

1인분 열량 [ **106** *kcal* ]

꽁치는 짧고 통통하면서 아가미가 진한 황색인 것이 맛이 좋다. 혈액을 맑게 하는 EPA(eicos-apentaenoic acid)와 뇌세포를 활발하게 하는 DHA(docosahexaenoic acid)가 풍부하여 고혈압, 뇌졸중 등 성인병 발병을 억제한다.

## 이렇게 만드세요 !

**1 꽁치 손질하기** 꽁치는 머리와 꼬리를 잘라내고 내장을 제거한 뒤 물에 씻어 물기를 제거한다.

**2 우엉 손질하기** 우엉은 칼등으로 긁어서 껍질을 벗기고 삼각 모양으로 크게 썰어 식초물에 담가둔다.
- 식초물에 담가 색 변질(갈변)을 막는다.

**3 당근과 감자 썰기** 당근과 감자도 우엉과 같이 삼각 모양으로 큼직하게 썰고, 대파는 어슷하게 썬다.

**4 조림장 만들기** 분량대로 섞어 조림장을 만든다.
- 생강즙은 생강을 절구에 빻아서 같은 양의 물을 넣어 우린 다음 꼭 짜서 사용하면 된다.

**5 조리기** 냄비에 물과 다시마를 넣고 끓이다가 다시마는 건져내고, 채소와 꽁치를 넣은 뒤 조림장을 넣어 조린다.
- 다시마를 오래 끓이면 쓴맛이 나므로 10분 정도가 적당하다.

**6 뜸 들이기** 국물이 거의 다 졸아 윤기가 나면 대파를 넣고 뜸을 들인다.
- 꽁치를 조릴 때 국물을 수저로 끼얹으면서 조리면 간이 잘 배어 더욱 맛이 있다.

## Plus +

**꽁치 통조림 찌개 만들기**

먼저 냄비에 물 한 컵반(300ml)을 넣고 고추장 1큰술을 넣은 뒤 끓으면 꽁치 통조림과 감자, 양파, 통마늘을 넣는다. 끓이면서 거품은 제거하고 나머지 간은 소금으로 한 뒤 대파를 넣는다.

### 재료 [4인분]

꽁치 2마리
우엉 1뿌리
당근 · 감자 1개씩
대파 1대
다시마(5×5cm) 2장
물 1+1/2컵(300ml)

**조림장**

간장 4큰술
청주 · 설탕 2큰술씩
다진 마늘 1큰술
생강즙 1/2작은술

# 메밀묵 국수

1인분 열량 [ **72** *kcal* ]

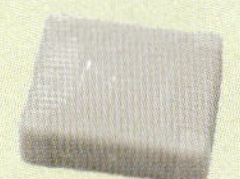

메밀은 피를 맑게 하여 혈관을 부드럽게 해주므로 혈압을 안정시켜 고혈압과 동맥경화에 아주 좋다. 이뇨작용으로 체내의 노폐물을 제거하고, 당뇨병·암 등 성인병에 좋으며, 찬 성질을 지녀 변비에도 효과적이다.

## 이렇게 만드세요 !

**1 메밀묵 데치기**  메밀묵은 5cm 길이로 굵게 채썰어 끓는 물에 살짝 데친다.

**2 멸치 국물내기**  멸치는 내장을 제거하고 마른 냄비에 볶다가 물을 붓고 끓여 1/2컵이 되게 한다.

- 멸치를 볶다가 물을 부어 국물을 내면 멸치의 비린 맛을 없앨 수 있다.

**3 김치 양념하기**  김치는 가늘게 채썰어 꼭 짜서 양념을 넣어 버무려둔다.

**4 오이와 고추 채썰기**  오이는 가늘게 채썰고, 붉은고추는 3cm 길이로 가늘게 채썬다.

**5 김 썰기**  김은 가위로 가늘게 채를 썰거나 비닐봉지에 넣어 부수어 놓는다.

**6 달걀지단 부치기**  달걀은 흰자와 노른자를 분리하여 약간의 소금을 넣고 지단을 부쳐 5cm 길이로 가늘게 채썬다.

- 달걀지단은 차게 식혀서 썰어야 곱게 잘 썰어진다.

**7 그릇에 담기**  그릇에 메밀묵을 담고 김치, 달걀지단, 오이, 붉은고추, 김을 올린 뒤 멸치국물을 붓고 양념장을 곁들여낸다.

 **재료** [4인분]

메밀묵 300g
국물멸치 10마리
김치 100g
오이 1/2개
붉은고추 1개
구운 김 1/2장
달걀 1개

### 김치 양념

다진 마늘 1작은술
참기름 1작은술
깨소금 1작은술
설탕 1/2작은술

### 양념장

국간장 3큰술
고춧가루 1큰술
다진 푸른고추 1큰술
다진 붉은고추 1큰술
다진 마늘 1작은술
참기름 1작은술

# 케일 콩밥쌈

1인분 열량 [ **333** *kcal* ]

케일은 양배추의 일종으로 잎이 넓고 두껍게 자라면서 빛을 많이 받아 짙은 녹색으로 엽록소가 풍부하다. 잎의 대가 굵은 것은 녹즙으로 이용하고, 어린 잎은 쌈·샐러드로 이용하는 것이 좋다. 칼슘이 풍부하고 단백질, 무기질, 비타민 A·B·C의 함량이 높아 고혈압, 변비, 위궤양, 암 예방에 효과적이다.

## 이렇게 만드세요!

**1 케일 데치기**  케일은 끓는 물에 소금을 넣어 살짝 데친 뒤 얼음물에 재빨리 식힌다.
- 얼음물에 빠르게 식혀서 녹색을 선명하게 한다.

**2 콩밥 짓기**  쌀은 1시간 이상 불려 물기를 제거하고 물을 동량으로 붓고 콩을 넣어 고슬고슬하게 밥을 짓는다.
- 불린 쌀은 물기를 제거하지 않으면 밥이 질어지므로 반드시 물기를 제거하는 것이 밥 잘 짓는 요령이다.

**3 콩밥 간 맞추기**  콩밥이 다 되면 밥에 설탕과 소금을 넣어 골고루 섞는다.

**4 쌈 만들기**  밥이 식으면 케일에 싸서 쌈장을 곁들여낸다.
- 깻잎도 같은 방법으로 쌈을 하면 독특한 깻잎의 향이 좋다.

 **재료** [4인분]

케일 20장
불린 쌀 2컵
강낭콩·완두콩 50g씩
물 2컵(400ml)
설탕 1작은술
소금 1/2작은술
쌈장 약간

3

4

## Plus+

**케일주스 만들기**
**재료**(1인분) : 케일 6장, 사과 1/2개, 양배추 1장, 얼음 5조각

1. 믹서에 재료를 넣고 간다.
2. 얼음을 함께 넣고 갈면 재료의 영양소 파괴를 줄일 수 있다.

# 토마토 연두부 냉채

1인분 열량 [ **165** *kcal* ]

토마토는 비타민 A·B·C, 칼륨, 칼슘 등의 미네랄이 풍부하여 암의 발생을 억제하고 고혈압을 예방한다. 콜레스테롤을 낮추어주고 비만과 신장병, 당뇨병 예방에 좋으며, 피부를 윤택하게 하고 과식을 억제하거나 소화에 도움을 준다.

## 이렇게 만드세요 !

**1 토마토 썰기**  토마토는 깨끗이 씻어 반달 모양으로 썬다.

**2 오이 절이기**  오이는 필러로 썰어 소금에 살짝 절인다.
- 오이를 살짝 절이면 모양내기에도 좋고 아삭아삭하게 먹을 수 있다.

**3 냉채소스 만들기**  분량의 재료를 섞어 냉채소스를 만든다.
- 마른 재료(설탕, 소금, 후춧가루)부터 계량하면 깨끗하게 계량할 수 있다.

**4 그릇에 담기**  접시에 연두부를 가운데에 놓고 토마토를 돌려 담은 뒤 오이를 돌돌말아 장식한다.

**5 냉채소스 곁들이기**  냉채소스는 만든 즉시 냉장고에 보관해서 먹을 때 시원하게 곁들이거나 먹기 직전에 뿌려 먹는다.
- 냉장고에 보관했던 냉채소스는 뿌리기 직전에 다시 한번 흔들어 잘 섞은 뒤 뿌리는 것이 좋다.

**NOTE 순두부와 연두부의 차이점 :** 두부를 만드는 과정에서 가열시간, 응고제, 굳히는 방법에 따라 상태가 달라지는데, 두부를 굳히기 전 상태를 '순두부'라고 하며 순두부와 두부의 중간 굳기에 팩에 응고제와 콩즙을 넣어 그대로 가열하여 살균과 동시에 굳힌 것을 '연두부'라고 한다.

### 재료 [4인분]

토마토 2개
오이 1/2개
연두부 1모

**냉채 소스**
올리브오일 4큰술
식초 1큰술
설탕 1큰술
레몬즙 1큰술
소금 2/3작은술
후춧가루 약간

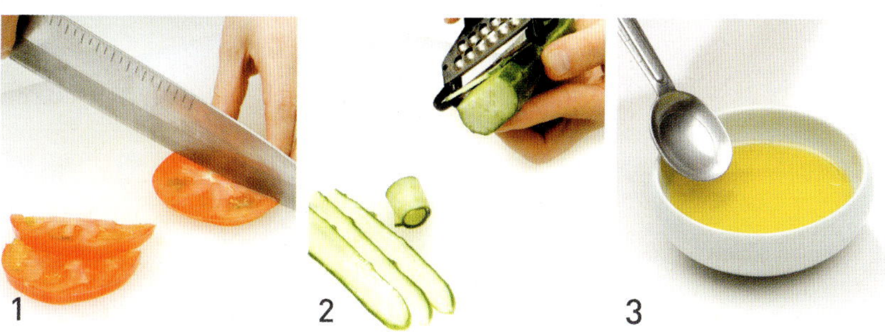

1

2

3

# 가지 소고기 볶음 1인분 열량 [ **621** *kcal* ]

가지는 혈액 속의 콜레스테롤을 저하시키고 빈혈에 효과가 있으며 혈관의 노폐물을 배설, 용해시키는 성질이 있어 피를 맑게 한다. 고혈압이나 열이 많은 사람에게 효과적이고 상처의 통증을 가라앉히는 데도 사용한다.

## 이렇게 만드세요 !

**1 가지 썰기**  가지는 도톰하게 썰어 소금에 살짝 절인 뒤 물기를 제거한다.
- 가지의 색 변질을 막기 위해 소금에 절인다.

**2 차돌박이 굽기**  차돌박이는 프라이팬에 기름을 두르지 않고 살짝 굽는다.

**3 피망 썰기**  푸른색 · 붉은색 피망은 링 모양으로 썬다.

**4 팽이버섯과 마늘 썰기**  팽이버섯은 반으로 자르고, 마늘은 편으로 썬다.
- 편이란 납작하게 써는 것이다.

**5 가지 볶기**  프라이팬을 달궈서 들기름을 두르고 마늘로 향을 낸 뒤 가지를 볶는다.

**6 차돌박이와 양념 넣기**  5에 구워 놓은 차돌박이를 넣고 피망, 국간장, 청주, 물엿, 후춧가루를 넣고 볶는다.
- 가지는 국간장으로 간을 하면 더욱 깊은 맛이 난다.

**7 팽이버섯 넣기**  팽이버섯을 넣고 살짝 더 볶아주고 불을 끈다.
- 팽이버섯은 생으로도 먹을 수 있으므로 오래 볶지 않는다.

### 재료 [4인분]

가지 2개
차돌박이 100g
푸른피망 1/2개
붉은피망 1/2개
팽이버섯 30g
마늘 1개
들기름 1큰술
국간장 · 청주 2큰술씩
물엿 1큰술
후춧가루 약간

NOTE **싱싱한 가지 고르기** : 가지 표면에 상처가 없고 선명한 암자주색에 광택이 있으며 꼭지에 가시가 뾰족한 것이 싱싱한 것으로 손으로 만져 보았을 때 단단한 것이 좋다.

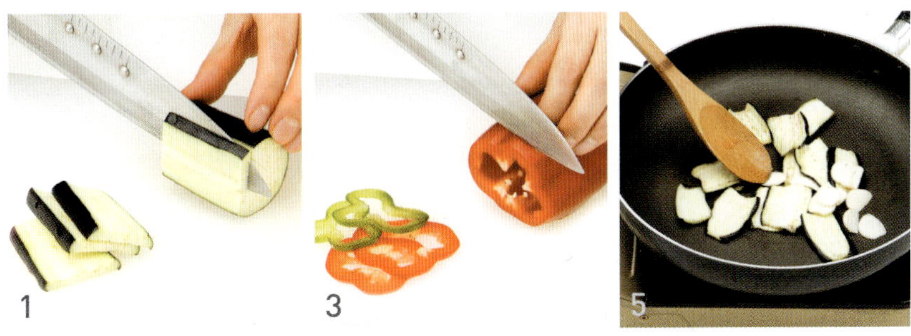

1　　3　　5

# 감자죽

 1인분 열량 [ **222** *kcal* ]

감자는 고혈압을 일으키는 염분의 배출을 돕고 비타민 C가 풍부해 스트레스에 좋다. 탄수화물이 풍부하여 조금만 먹어도 포만감을 느끼게 하므로 다이어트에 효과적이며 피부의 탄력에 도움을 주고 기미와 여드름 방지에도 효과적이다.

## 이렇게 만드세요!

1 **감자 전분질 빼기** 감자는 얇게 썰어서 물에 담가 전분질을 뺀다.

2 **강낭콩과 양파 손질하기** 강낭콩은 씻어 물기를 제거하고, 양파는 곱게 채를 썬다.

3 **감자, 강낭콩, 양파 삶기** 냄비에 감자, 강낭콩, 양파를 넣고 소금으로 간을 한 뒤 잠길 정도의 물을 넣어 삶는다.

4 **체에 내리기** 3이 으깨질 정도로 익으면 체에 내린다.

5 **찹쌀가루 넣기** 4를 냄비에 담고 물 6컵을 넣어 끓이다가 찹쌀가루를 넣고 한소끔 끓여 소금으로 간을 맞추고 검은깨를 뿌린다.

재료 [4인분]

감자 3개
강낭콩 1/2컵
양파 1/2개
물 6컵
찹쌀가루 1컵
소금 적당량
검은깨 약간

# 당근 셀러리 주스

1인분 열량 **[ 32 *kcal* ]**

당근의 베타카로틴은 혈압과 혈당, 혈중 콜레스테롤의 수치를 낮추어 고혈압, 당뇨병, 빈혈 등을 예방한다. 항암작용도 하며, 변비와 염증 예방에도 효과가 있고 몸에 들어가면 비타민 A로 전환되어 시력을 보호해주며 야맹증을 예방해준다.

## 이렇게 만드세요 !

**1 당근 자르기**  당근은 깨끗이 씻어 적당하게 자른다.
- 당근의 껍질은 영양가가 많으므로 깨끗이 씻어서 껍질째 사용하는 것이 좋다.

**2 셀러리 자르기**  셀러리는 질긴 줄기를 제거하고 적당하게 자른다.
- 질긴 줄기는 소화에 지장을 줄 수가 있다.

**3 오렌지 자르기**  오렌지는 껍질과 씨를 제거하고 적당한 크기로 자른다.
- 오렌지는 냉장 보관보다 상온에서 신선하게 보관하면 당도가 더 높아진다.

**4 얼음 넣고 갈기**  준비된 재료와 얼음을 믹서에 넣고 간다.
- 얼음을 같이 넣으면 얼음으로 인해 채소에 직접적인 접촉이 적어지므로 영양소의 파괴를 줄일 수 있다.

### 재료 [4인분]

당근 200g
셀러리 150g
오렌지 1개(100g)
얼음 5조각

1

2

 **NOTE 셀러리에 대해 알아보기 :** 셀러리는 생으로 소스나 마요네즈에 찍어 먹기도 하고, 샐러드와 피클을 만들 때 좋으며, 스톡, 스프 등에 많이 쓰인다. 셀러리 잎은 끓는 물에 소금을 약간 넣고 데쳐서 초고추장에 무쳐 먹어도 독특한 맛이 난다.

# 오이선

오이에 많이 함유된 칼륨은 체내에 쌓인 나트륨과 노폐물을 몸 밖으로 내 보내는 역할을 하여 고혈압 예방에 좋다. 미백 작용이 있어 미용에 좋고 이뇨 작용을 해 소변과 함께 알코올 성분이 빠져나가 술독을 풀어준다.

## 이렇게 만드세요 !

**1 오이 칼집 넣기**  오이는 반으로 가른 뒤 5cm 길이로 어슷하게 잘라 세 번 칼집을 넣어 미지근한 소금물에 절인다.
- 오이가 잠길 정도의 물에 소금 2큰술 정도 넣는다.

**2 소고기와 표고버섯 볶기**  소고기와 표고버섯은 가늘게 채썰어 각각 밑간 양념하여 식용유를 두르고 따로 볶아 둔다.
- 소고기는 살짝 얼려서 채썰면 곱게 썰 수 있다. 표고버섯은 뜨거운 물에 불려서 물기를 제거한 뒤 포를 떠서 가늘게 채썬다.

**3 달걀지단 부치기**  달걀은 황·백으로 나누어 약간의 소금을 넣고 지단을 부친 뒤 3cm 길이로 가늘게 채썬다.

**4 단촛물 만들기**  단촛물은 설탕이 녹을 정도로 살짝 끓여 차게 식힌다.

**5 오이 볶기**  오이는 절여지면 물기를 제거하고 프라이팬에 식용유 2큰술을 두르고 살짝 볶는다.
- 식용유에 살짝 볶아주면 더욱 아삭아삭하다.

**6 오이에 재료 넣기**  칼집 낸 부분에 준비된 재료를 끼운다.

**7 접시에 담기**  접시에 오이선을 담고 단촛물을 끼얹은 뒤 고명으로 실고추를 올린다.

##  재료 [4인분]

오이 2개
소고기 80g
마른 표고버섯 4장
달걀 2개
실고추 약간
소금 · 식용유 적당량씩

**단촛물**
설탕 · 물 4큰술씩
식초 3큰술
소금 2작은술

**소고기 · 표고버섯 양념**
간장 2큰술
다진 파 · 다진 마늘 1작은술씩
설탕 1/2작은술
소금 1작은술
후춧가루 약간
깨소금 · 참기름 약간씩

1

3

5

# 들깨죽

들깨의 리놀레산 성분은 불포화지방산을 함유하고 있어 동맥경화, 고혈압 예방 및 치료에 도움을 주고 피부 미용, 습진에 효과적이며, 변비를 없애 주고 콜레스테롤이 혈관에 쌓이는 것을 예방해준다. 칼슘, 철분이 많아서 성장기 어린이나 노인들에게 좋고 항암 작용이 있으며 간 기능을 좋게 하고 두뇌 발달에 좋다.

## 이렇게 만드세요 !

1 **들깨 볶기** 들깨는 씻어서 물기를 제거한 뒤 프라이팬에 살짝 볶는다.

2 **들깨 갈기** 볶아 놓은 들깨는 믹서에 물 2컵을 붓고 곱게 갈아 체에 가루만 걸러 놓는다.

3 **현미 갈기** 현미는 30분 정도 불려 믹서에 물 2컵을 넣고 곱게 간다.

4 **끓이기** 냄비에 3을 담고 물 8컵을 더 부은 뒤 약한 불에서 서서히 끓인다.

5 **들깨가루 넣기** 현미죽이 걸쭉해지면 갈아 놓은 들깨가루를 넣는다.

6 **간 맞추기** 나무주걱으로 멍울이 생기지 않게 잘 풀어주면서 끓이다가 소금으로 간한다.

■ 들깨 대신에 잣이나 참깨를 사용해도 고소하다.

 **재료** [4인분]

들깨 1/2컵
불린 현미 2컵
물 12컵
소금 약간

NoTE 들깨가루를 사용하면 맛있는 요리 : 감자탕, 미역국, 머위무침, 김치볶음밥, 순대국, 보신탕, 추어탕, 들깨죽, 버섯볶음, 매운탕, 도토리묵무침, 메밀묵무침, 순대 볶음 등

# 더덕 고추장 구이

1인분 열량 [ **41** *kcal* ]

더덕은 혈압을 내려주는 효능이 있어 고혈압 환자에게 좋으며 콜레스테롤을 분해하는 효소가 있고 각종 성인병 예방과 치료에 아주 효과적이다. 기침을 멈추게 하고 가래를 삭혀 주며 입이 건조하거나 입맛이 없을 때, 미열이 있을 때도 좋다.

## 이렇게 만드세요 !

1 **더덕 손질하기**  더덕은 껍질을 돌려 깎아 납작하게 썬 뒤 방망이로 밀어서 5cm 길이로 잘라 소금물에 담가둔다.
- 방망이로 세게 두들기면 더덕이 찢어지므로 미는 것이 좋고, 소금물에 담가두면 더덕의 떫은 맛이 없어진다.

2 **실파와 잣 썰기**  실파는 송송 썰고, 잣은 곱게 다진다.
- 잣은 유분이 많으므로 키친타월에 올려놓고 다진다.

3 **유장 바르기**  간장과 참기름을 섞은 유장을 더덕의 앞뒤로 골고루 바른다.

4 **석쇠에 굽기**  석쇠를 달궈서 살짝 구워준다.

5 **양념 발라 굽기**  유장 처리해서 구운 더덕은 구이 양념을 발라서 다시 한번 구워준다.

6 **접시에 담기**  접시에 담고 송송 썬 파와 다진 잣을 뿌린다.

## 재료 [4인분]

더덕 300g
실파 3뿌리
잣 20g

**유 장**
간장 1큰술
참기름 3큰술

**구이 양념**
고추장 2큰술
간장 · 설탕 1큰술씩
다진 마늘 1작은술
깨소금 1작은술

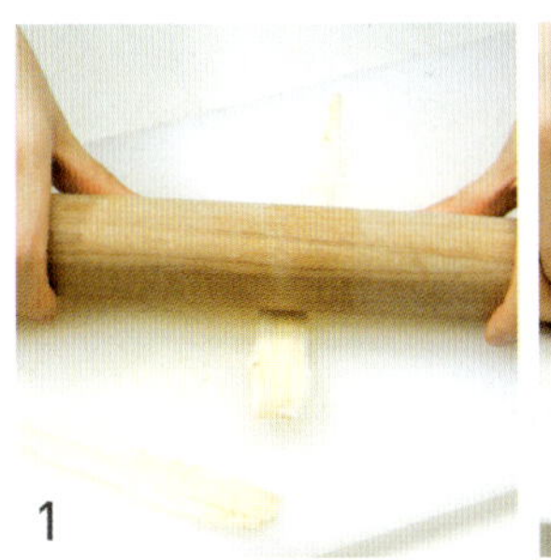

1

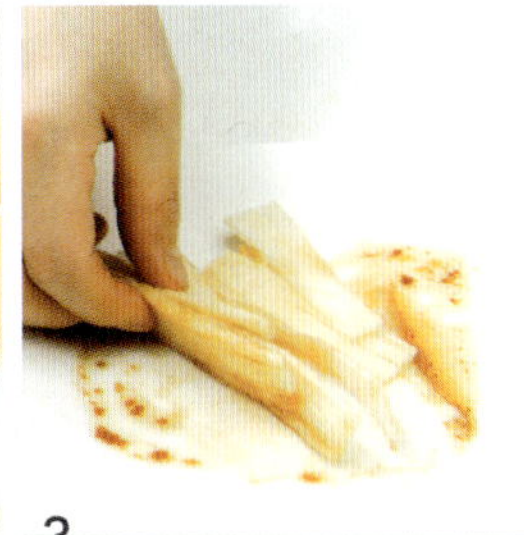

3

4

## ● 당뇨병

당뇨병이란 혈액 중에 포도당이 많아 소변으로 배출되는 것으로, 처음에는 특별한 증상이 보이지 않아서 조기 발견이 어렵다. 자각 증상으로는 갈증이 나서 물을 많이 먹게 되고 쉽게 피로를 느끼며 소변이 증가하여 소변에서 단맛이 나며 체중이 감소되기도 한다. 아무리 먹어도 돌아서면 쉽게 배고파지는 공복감이 생기는 것이 특징이다. 운동부족, 스트레스, 음주 등이 주요 원인이며, 정상인의 공복 혈당은 70~120mg/dL으로 공복 혈당이 140mg/dL이면 당뇨병으로 진단된다. 당뇨병은 증상에 따라 식이요법으로도 치료가 가능하므로 올바른 식습관과 생활 습관으로 당뇨병 예방에 힘써야 한다.

**당뇨병 예방에 좋은 식품**

보리, 참마, 곤약, 배, 두부, 브로콜리, 녹두, 콩, 가지, 연근, 감자, 콩나물, 두릅, 양배추, 쑥갓, 과일류, 해바라기씨, 호두, 들깨, 참깨 등

**당뇨병 예방 생활법**

| | | |
|---|---|---|
| 과식은 피한다. | 가공식품, 인스턴트 식품의 섭취를 줄인다. | 포화지방산과 콜레스테롤이 높은 음식은 피한다. |
| 정상 체중을 유지한다. | 음식은 싱겁게 하고 식초나 레몬을 많이 이용한다. | 아침식사를 반드시 한다. |
| 과음을 하지 않는다. | 스트레스는 바로 풀고 피로를 줄인다. | 니코틴은 혈당 조절을 악화시키므로 흡연을 삼간다. |

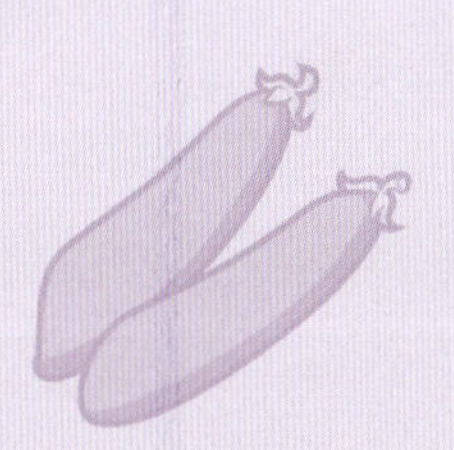



242 kcal

당뇨병 예방

달지 않은
**담백한** 요리

16 kcal

# 순두부 청국장 찌개

1인분 열량 [ **116** *kcal* ]

청국장은 발효시키는 과정에서 누룩곰팡이가 번식하는데 이것은 단백질효소, 당화효소 등의 효소가 있어 소화가 잘 된다. 혈중 콜레스테롤을 감소시키는 작용을 하며 '레시틴'이 인슐린의 분비를 왕성하게 해 주어 당뇨병을 예방·치료하는데 도움을 준다.

## 이렇게 만드세요 !

**1 무 썰기**  무는 나박썰기를 한다.
■ 무는 작게 썰어서 씹히는 맛을 적게 하는 것이 좋다.

**2 김치와 야채 썰기**  김치와 대파, 푸른고추, 붉은고추는 모두 송송 썬다.

**3 멸치국물 만들기**  멸치는 내장을 제거하고 달궈진 냄비에 볶아서 물을 부어 적당량의 멸치국물을 만든다.
■ 멸치는 볶아서 사용하면 비린내가 나지 않는다.

**4 뚝배기에 끓이기**  뚝배기에 청국장, 무, 김치, 돼지고기, 고춧가루, 다진 마늘을 넣고 볶다가 멸치국물을 붓고 끓인다.

**5 순두부 넣기**  국물이 끓어 맛이 어느 정도 나게 되면 순두부를 넣고 붉은고추, 푸른고추와 대파를 넣어 잠깐 끓인다.
■ 국물의 거품은 수시로 제거하여 국물의 텁텁한 맛을 방지한다.

### 재료 [4인분]

청국장 5큰술
순두부 400g
무 50g
김치 50g
대파 1대
푸른고추·붉은고추 2개씩
돼지고기 70g (찌개용)
고춧가루 1작은술
다진 마늘 1큰술
멸치국물 3컵

## Plus +

**청국장 간단하게 만들기**

1. 콩은 깨끗이 씻어 3배의 물을 붓고 15시간 정도 불린다.
2. 솥에 불린 콩과 물을 넉넉히 붓고 연한 갈색이 날 때까지 푹 삶는다.
3. 삶은 콩이 식기 전에 소쿠리에 짚을 깔고 삶은 콩을 넣고 또 짚을 깔고 콩을 넣고 반복한다.
4. 천으로 덮고 40℃ 정도의 온도가 유지되도록 하여 띄운다.
5. 3일 정도 지나면 청국장 발효 냄새가 나고 콩의 색이 진해지고 하얀 실이 생기면 발효가 잘된 것이다.

# 녹두죽

1인분 열량 [ **199** *kcal* ]

녹두는 콩류 가운데 아연 함량이 비교적 많아 몸속에서 인슐린의 작용을 높이므로 녹두로 만든 음식이 당뇨병 환자에게 좋다. 녹두는 정신을 맑게 하고 원기를 찾게 해주며 몸속에 쌓인 노폐물을 해독하여 피로회복에 효과적이다. 여름철 더위를 예방해주고 칼슘과 비타민 A가 풍부해 노약자 · 성장기 어린이에게 좋다.

## 이렇게 만드세요 !

**1 쌀 불리기**  쌀은 씻어서 1시간 이상 불려 체에 걸러 둔다.
- 쌀은 충분히 불려야 부드럽게 잘 퍼진다.

**2 녹두 삶기**  녹두는 물 16컵을 부어 푹 삶는다.

**3 녹두 체에 내리기**  삶은 녹두는 체에 밭쳐 녹두물을 받아 앙금을 가라앉힌다.

**4 녹두 웃물 넣고 끓이기**  체에 내린 녹두의 웃물만 냄비에 부어 끓인다.
- 녹두 앙금을 미리 넣으면 눌 수 있으므로 미리 넣지 않는다.

**5 녹두 앙금 넣기**  녹두물이 끓으면 쌀알을 넣어 고루 어우러지게 서서히 끓이다가 앙금을 넣는다.

**6 간 맞추기**  먹기 직전에 소금으로 간을 맞춘다.

### 재료 [4인분]

불린 쌀 2컵
녹두 2컵
물 16컵
소금 약간

**NOTE** 녹두 고르는 방법 : 낱알이 고르지 않고 윤택이 나지 않으며 껍질이 거칠고 물에 담그면 물을 빨아들이는 속도가 느린 것이 우리 농산물이다.

# 콩국수

1인분 열량 [ **429** *kcal* ]

콩은 당뇨병을 억제하는 효과가 뛰어나며, 40% 이상의 단백질을 함유하고 있어 흔히 밭에서 나는 고기로 불린다. 골다공증과 변비 예방뿐만 아니라 심장병, 간경병을 예방하고 항암 효과가 있는 건강식품이다.

## 이렇게 만드세요 !

**1 콩 불리기**  콩은 잡티를 제거한 뒤 5배의 물을 붓고 12시간 정도 불려 껍질을 벗긴다.

**2 불린 콩 삶기**  불린 콩은 물을 넣고 8분 정도 삶은 뒤 건진다.
- 삶아서 먹어 보았을 때 비린내가 나지 않을 정도가 좋다.

**3 삶은 콩 갈기**  삶은 콩과 물이 식으면 잣, 깨와 함께 믹서에 간다.

**4 방울토마토와 오이 썰기**  3을 면보에 걸러 차게 식히고, 방울토마토는 반으로 자르고, 오이는 가늘게 채썬다.

**5 국수 삶기**  끓는 물에 소금을 넣고 국수를 삶는데, 끓어오를 때 찬물을 2~3번 부어 쫄깃하게 삶아 찬물에 헹군다.

**6 그릇에 담기**  소면은 사리를 만들어 그릇에 담고, 콩국은 소금으로 간을 맞춰 붓는다.
- 국수 대신에 라면을 삶아 물에 헹구어 넣으면 쫄깃쫄깃해 맛있고 꼬불꼬불한 재미있는 콩국물 라면이 된다.

**7 고명 올리기**  방울토마토, 오이, 검은깨를 올려 장식한다.

### 재료 [4인분]

국수 300g
불린 콩 2컵
물 5컵(1,000ml)
잣 1컵
깨 1/2컵
방울토마토 4개
오이 1/2개
검은깨 약간
소금 약간

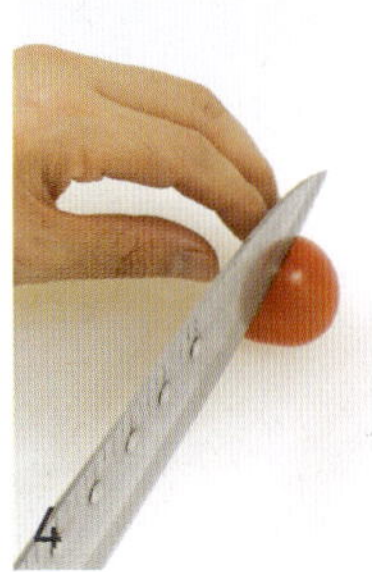

# 두릅 콩가루 무침

 1인분 열량 [ **85** *kcal* ]

 두릅은 맛이 담백하고 향이 강하며 영양가가 풍부하다. 목덜미가 뻐근할 때 효과가 있으며 '사포닌' 성분이 당뇨 예방에 뛰어나며 혈당과 혈중지질을 조절해준다. 알칼리성 식품으로 당뇨병, 부종, 두통, 신경통, 고혈압 등 각종 질병을 예방한다.

## 이렇게 만드세요 !

**1 두릅 콩가루 입히기**  두릅은 기둥 부분을 잘라내고 깨끗이 씻어서 날콩가루를 입힌다.
- 두릅에 물기가 약간 있을 때 콩가루를 입혀야 듬뿍 묻는다.

**2 고추 썰기**  붉은고추, 푸른고추를 1/2개는 3cm 길이로 가늘게 채썰고, 1/2개는 다진다.
- 채썬 고추는 고명으로 올리고, 다진 고추는 초간장에 넣는다.

**3 초간장 만들기**  분량의 재료를 섞어 초간장을 만든다.

**4 두릅 찌기**  찜기에 수증기가 오르면 두릅을 넣고 5분 동안 살짝 찐다.
- 두릅이 익으면 뚜껑을 열고 식혀야 두릅의 색이 변하지 않는다.

**5 접시에 담기**  접시에 두릅을 가지런히 담고 고추를 고명으로 올린 뒤 초간장을 곁들여낸다.

### 재료 [4인분]

두릅 300g
날콩가루 1컵
붉은고추 1개
푸른고추 1개

**초간장**
간장 2큰술
다시마 우린 물 2큰술
청주 · 식초 · 고춧가루 1큰술씩
다진 붉은 · 푸른고추 1큰술씩
다진 마늘 1작은술
들기름 1작은술

**NOTE 두릅 초고추장 무침** : 두릅을 깨끗이 씻어 끓는 물에 소금을 넣고 살짝 데쳐 초고추장에 무쳐 먹으면 입맛 없을 때 좋다.

날콩가루
마트에서 구입할 수 있다.

1

2

4

# 감자 고추장 조림

1인분 열량 [ **16** *kcal* ]

감자는 소변을 잘 보게 해 부기를 빼주고 갈증을 없애고 열을 내리는 작용을 하므로 당뇨병에 효과가 있다. 변비를 치료하고 발암물질을 중화시키는 물질이 다량 들어 있으며 미네랄이 풍부해 몸속의 수분, 술독을 빼주고 충치 예방에도 효과가 있다.

## 이렇게 만드세요 !

**1 감자 썰기**  감자는 0.5cm 두께의 둥근 모양으로 썰어 물에 담가 전분을 뺀다.

- 감자를 너무 얇게 썰면 부서지므로 도톰하게 썰고, 바로 넣으면 요리할 때 감자끼리 서로 붙으므로 물에 담가 전분을 빼준다.

**2 다시마 우려내기**  다시마 5×5cm 길이 1장을 물에 담가 우려낸다.

- 담그는 시간이 길수록 맛 성분이 많이 우러난다. 다시마와 물을 냄비에 넣고 10분 정도 끓여 사용해도 된다.

**3 감자 익히기**  프라이팬에 감자와 다시마 우린 물을 넣고 뚜껑을 덮은 후 감자를 익힌다.

- 너무 오래 익히면 부서지므로 주의한다.

**4 조림장 넣기**  감자가 2/3 정도 익으면 간장, 고추장, 물엿을 넣고 뒤집어가며 익힌다.

**5 그릇에 담기**  국물이 없도록 조려지면 그릇에 담고 통깨를 뿌린다.

### Plus +

**감자채 볶음 만들기**

**재료 :** 감자 2개, 양파 1/2개, 소금 1/2작은술, 깨소금 1작은술

**만들기**

1. 감자는 가늘게 채썰어 물에 담가 전분을 제거한다.
2. 양파는 곱게 채썬다.
3. 프라이팬에 식용유를 두르고 감자와 양파를 넣어 볶다가 어느 정도 익으면 소금을 넣고 깨소금을 넣어 마무리한다. 너무 익도록 볶으면 씹히는 맛이 떨어지므로 살짝 볶는다.

 **재료** [4인분]

감자 2개
다시마 우린 물 1/2컵(100ml)
간장 1큰술
고추장 1큰술
물엿 2큰술
통깨 약간

1

# 두부 채소 겉절이

1인분 열량 [ **31** *kcal* ]

두부의 주원료인 콩은 당뇨병 예방과 항암, 고혈압, 노화 방지 효과가 뛰어나며 열량이 낮아 다이어트 식품으로도 좋다. 콩의 단백질인 알부민, 글리시닌을 응고시켜 만든 두부는 소화율이 높고 아미노산, 칼슘, 철분, 무기질이 많이 함유되어 있어 성장 발육에 좋다.

## 이렇게 만드세요 !

**1 두부 데치기**  두부는 끓는 물에 소금을 넣고 데쳐서 1cm 두께로 썬다.

- 소금은 두부를 단단하게 하는 성질이 있다.

**2 채소 손질하기**  영양부추는 3cm 길이로 썰고, 치커리는 적당하게 뜯어 놓는다.

- 채소는 얼음물에 잠시 담가 싱싱함을 유지시킨다.

**3 고추 채썰기**  붉은고추는 3cm 길이로 채썬다.

- 채썬 붉은고추는 얼음물에 담그면 링 모양으로 말려 예쁜 장식이 되기도 한다.

**4 양념장으로 버무리기**  분량의 겉절이 양념장을 만들어 채소에 버무린다.

**5 접시에 담기**  접시에 두부를 가지런히 포개어 담고 겉절이를 올려낸다.

### 재료 [4인분]

두부 1모
영양부추 100g
치커리 100g
붉은고추 1개

**겉절이 양념장**
참치액젓 1작은술
설탕 · 고춧가루 1작은술씩
다진 마늘 1작은술
간장 · 식초 1큰술씩
깨소금 · 참기름 1작은술씩

**NOTE 두부 잘 보관하려면** : 두부를 한 모 사오면 절반은 상해서 버리는 일이 많은데 밀폐용기에 넣고 두부가 잠길 정도의 생수를 붓고 뚜껑을 닫아 냉장고에 보관하면 오래 두고 먹을 수 있다. 가끔 물을 바꾸어 주는 것이 좋다.

1    2    3

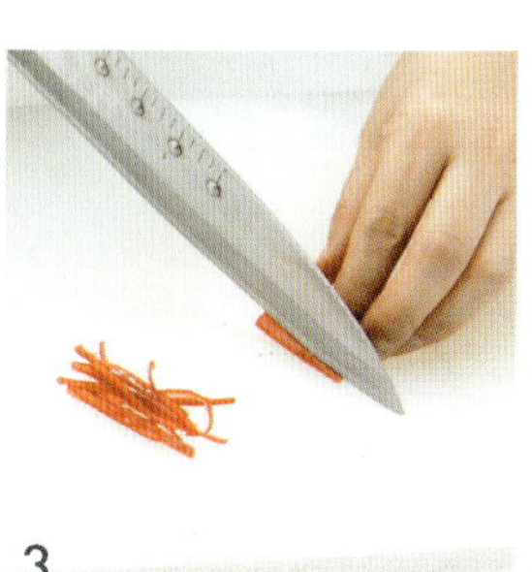

# 콩죽

콩의 식이섬유는 포도당의 흡수와 속도를 천천히 제어해서 당뇨병을 억제하는 성분이 있다. 식물성 단백질인 콩은 노화 방지와 갱년기 증상을 낮추어 주며, 비타민 E가 풍부해서 기미 방지, 혈액 순환에도 좋다.

## 이렇게 만드세요 !

**1 쌀 빻기**  쌀은 씻어서 1시간 이상 불린 뒤 절구에 반 정도 으깨지게 빻는다.

**2 콩 삶기**  콩은 6시간 이상 불려 껍질을 벗기고 적당량의 물을 부어 비린내가 나지 않을 정도로 삶는다(콩 삶은 물은 버린다).

- 8분 정도 삶는 것이 적당하고 중간 크기의 콩이 익으면 적당한 상태이다.

**3 삶은 콩 갈기**  삶은 콩은 물 2컵을 넣고 믹서기에 곱게 갈아 준다.

**4 죽 끓이기**  냄비에 쌀과 나머지 물 14컵을 넣고 끓이다가 곱게 갈아 놓은 콩을 넣어 함께 끓인다.

**5 간 맞추기**  쌀알이 다 퍼지면 소금으로 간을 한다.

---

 **재료** [4인분]

불린 쌀 2컵
콩 2컵
물 16컵
소금 약간

**NOTE 새알심 넣기 :** 찹쌀가루에 끓인 물을 넣어 반죽하여 새알심을 만든 다음 멥쌀가루에 굴려서 (멥쌀가루에 굴려서 사용하면 새알심이 늘어지지 않음) 끓는 물에 동동 뜨게 익혀서 넣어보자. 쫀득쫀득 특별한 맛이 숨어 있다.

# 검은콩 두유

1인분 열량 [ **242** *kcal* ]

검은콩은 당뇨병, 골다공증, 고혈압 등의 예방과 다이어트에 효과가 있다. 항암 능력과 노화 억제가 일반 콩에 비해 4배 이상 강하며, 이뇨·해독 작용이 활발해 몸속의 노폐물을 배출시킨다. 나쁜 콜레스테롤의 수치를 낮추어주며 피부를 생기있게 만들어준다.

## 이렇게 만드세요 !

**1 콩 불리기**  검은콩은 깨끗이 씻어서 물에 불린다.

**2 콩 삶기**  불린 콩의 잡티를 골라내고 잠길 정도의 물을 부어 삶는다.

- 8분 정도 삶는 것이 좋고, 한꺼번에 많이 삶아 냉동실에 보관해 필요할 때마다 꺼내서 사용하면 편리하다.

**3 믹서에 갈기**  콩이 식으면 믹서에 콩과 우유를 넣고 곱게 갈아준다.

- 기호에 따라 소금으로 간을 맞추어 먹을 수 있다.

### 재료 [4인분]

검은콩 1컵
우유 3컵(600ml)
소금 약간

**P**lus **+**

**콩조림 만들기**

재　　료 : 검은콩 1컵

조림장 : 다시마국물 1/2컵(100ml), 간장·청주 2큰술씩, 굴소스·설탕·꿀·통깨 1큰술씩, 참기름 1작은술

**만들기**

1. 검은콩은 5시간 정도 불린다.
2. 불린 콩에 다시마국물, 간장, 청주, 굴소스, 설탕, 꿀을 넣고 중불에서 은근히 조리다가 불을 끄고 통깨와 참기름으로 마무리한다.

1

2

# 두부 소고기찜

1인분 열량 [ **102** *kcal* ]

## 이렇게 만드세요 !

**1 두부 썰기**  두부는 4×4cm 크기에 0.5cm 두께로 썬다.

**2 표고버섯 불리기**  표고버섯은 뜨거운 물에 불리고, 불린 물은 조림장에 사용한다.
- 표고버섯과 다시마 5×5cm 1장을 함께 우려내고, 마른 표고버섯이 생 표고버섯보다 향이 강하고 맛있다.

**3 소고기 양념하기**  다진 소고기는 분량의 소고기 양념으로 버무려둔다.
- 소고기는 키친타월 위에 올려 핏물을 제거한다.

**4 미나리 데치기**  미나리는 끓는 물에 소금을 넣고 데쳐서 반으로 가른다.
- 미나리를 반으로 갈라 속을 한번 문질러 씻어 묶기에 좋게 한다.

**5 두부에 속 넣기**  두부에 밀가루를 약간 묻힌 뒤 양념한 소고기를 올리고 또 한쪽의 두부를 올려 미나리로 묶는다.

**6 재료 넣고 조리기**  냄비에 조림장과 마늘 편, 대파, 채썬 양파와 두부를 넣고 조리다가 불린 표고버섯을 넣고 약간 더 조리다가 참기름, 통깨를 넣고 마무리한다.
- 마늘, 대파, 양파는 꺼내고 그릇에 두부와 표고버섯을 담는다.

 **재료** [4인분]

두부 1모
마른 표고버섯 5개
다진 소고기 100g
미나리 약간
밀가루 약간

### 소고기 양념

간장 · 청주 1작은술씩
다진 파 · 다진 마늘 1작은술씩
생강즙 1/2작은술
후춧가루 약간

### 조림장

간장 3큰술
표고 불린 물 5큰술
다시마 우린 물 5큰술
설탕 1작은술
물엿 2큰술
(마늘 편 1큰술, 대파 1대,
채썬 양파 1/2개)
참기름 1작은술
통깨 약간

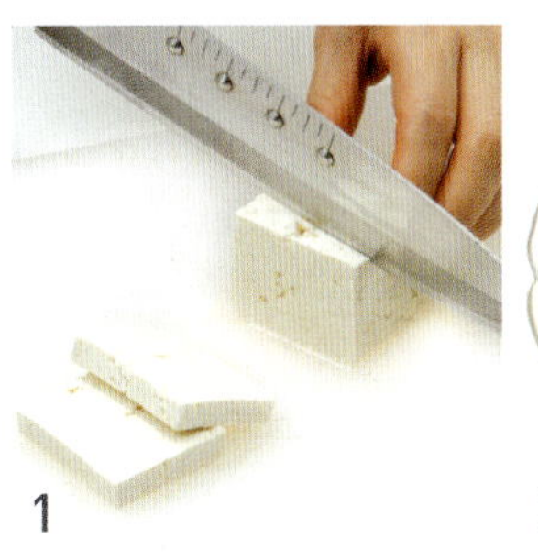

1

2

4

# 간장·된장 담그기

**음**식 맛의 기본에는 간장, 된장, 고추장 등의 장류가 있는데 그 중의 으뜸이 되는 간장과 된장 담그는 법을 소개하고자 한다.

우선 좋은 간장과 된장을 담그기 위해서는 좋은 재료가 기본이며, 맑은 공기, 햇빛 그리고 담는 이의 정성이 필요하다. 된장 특유의 맛은 바실러스(bacillus)라는 균에 의해 생기는 것이며, 발효에 적당한 기후이다. 우리 전통 재래장은 100% 콩으로 만들고 여러 복합 균에 의해 작용을 받아서 뛰어난 효능을 지닌다.

### 먼저 메주를 만들어 보자

우리 농산물 콩을 구입하여 잡티를 고르고 물을 부어 하루 저녁(12시간 이상) 불려서 소쿠리에 밭쳐 물기를 빼준다. 콩을 불리는 이유는 콩을 잘 삶기 위함이다. 솥에 불린 콩과 물을 넣고 2시간 이상 푹 삶는데 붉은빛이 돌 때까지 삶는다. 콩이 적당하게 잘 익으면 콩이 보이지 않을 정도로 절구에 찧는다. 요즘은 마대자루에 담고 입구를 묶어 방망이로 두들기거나 자루에 올라서서 밟으면 간단하게 콩을 빻을 수 있다.

빻은 콩을 네모 모양으로 만들어 짚으로 묶어서 천정에 매달아 8주에서 10주 정도 자연 발효시킨다. 10일에 한 번씩 햇빛에 잘 환기시키는 것이 중요하며 메주가 말랐을 때 흰색 곰팡이가 겉으로 나온 것이 좋으며 메주 색깔이 황갈색이 좋다. 검은색 머리

털 곰팡이는 장의 맛을 쓰거나 텁텁하게 하므로 나오지 않도록 주의해야 한다.

### 간장을 담가 보자

잘 말린 메주는 솔로 깨끗이 씻어 다시 햇볕에 말린다.

물에 천일염을 넣기 전에 달걀을 하나 띄어 놓고 천일염을 넣어 달걀이 500원 동전만큼 떠오르면 물의 간이 적당하다고 보면 된다. 천일염을 녹인 뒤 가만히 두어 소금과 잡티가 갈아 앉으면 맑은 윗물만 사용한다.

살아 숨쉰다는 항아리에 짚을 넣고 불을 붙인 뒤 뚜껑을 덮어 연기로 소독을 한 뒤 재를 닦아낸다. 메주를 담고 메주가 잠길 정도의 소금물을 부은 뒤 참숯, 마른 고추, 대추를 넣고 뚜껑을 덮어 장을 띄운다. 이때 참숯, 마른 고추는 장의 변질과 이물질이 생기는 것을 방지하기 위함이고 대추는 장의 단맛을 내기 위함이다.

### 된장과 간장을 분리해 보자

된장은 건져서 물을 끓여 식혀 약간 넣고 힘차게 여러 번 반복하여 치대어 항아리에 담아 보관한다. 그리고 장물은 고운 체에 걸러 간장을 달인 후 항아리에 담아두고 사용하면 된다.

메주를 솔로 깨끗이 씻어 말린다.

물에 천일염을 넣기 전에 달걀을 하나 띄어 놓는다.

항아리에 짚을 넣고 불을 붙인 뒤 뚜껑을 덮어 연기로 소독을 한 뒤 재를 꺼낸다.

# ● 비만

비만이란 과체중이 아니라 체지방이 과잉 축적된 상태를 말하며 심장병, 당뇨병, 고혈압 등의 성인병을 유발하기 때문에 주의해야 한다. 비만의 판정기준은 자신의 키에서 100을 뺀 뒤 0.9를 곱한 수치를 이용하는데 표준체중의 10% 내외는 정상체중, 표준체중의 10~20%는 과체중, 표준체중의 20% 이상은 비만으로 판정된다. 비만은 만병의 원인이므로 비만 예방 생활법에 힘써야 한다.

**비 만 예방에 좋은 식품** 미역, 다시마, 팽이버섯, 현미, 매실, 오이, 표고버섯, 당근, 가자미, 김, 콩, 곤약, 토마토 등

**비 만 예방 생활법**

| | | |
|---|---|---|
| 맵고 짠 음식은 밥을 더 먹게 하므로 삼간다. | 계단 오르기를 계속 해서 열량 소비량을 증진시키자. | 탄산음료, 기름진 음식, 튀김, 과자 등 간식을 삼가자. |
| 열량이 적고 섬유소와 수분이 많은 체중 감량 식이요법를 한다. | 많이 걸어서 활동량을 증가시키자. | 식사를 거르면 한꺼번에 많은 양을 먹게 되므로 하루 세끼 규칙적인 식사를 하자. |
| 식사는 천천히 먹어 포만감을 느끼게 하며 식사시간은 20~30분이 적당하다. | 음주는 비만의 주 원인이 되므로 체중 감량을 위해 금주하는 것이 바람직하다. | 규칙적인 운동을 하며 주3회, 60분 이상 땀에 흠뻑 젖을 정도가 좋다. |

비 만 예 방

# 살 안찌는
# **가벼운** 요리

# 곤약 무침

1인분 열량 [ **23** *kcal* ]

곤약은 칼로리가 거의 없어 다이어트 식품으로 인기가 높고 다른 음식과 함께 먹으면 열량 섭취를 감소시키는 효과가 있다. 또 혈당 상승을 예방하며 콜레스테롤을 낮추는 역할을 한다. 변비에 도움을 주며 고기를 좋아하는 사람이 먹으면 좋다.

## 이렇게 만드세요!

**1 곤약 데치기**  곤약은 5cm 길이로 썰어 끓는 물에 데쳐서 잡냄새를 없앤다.

**2 부추와 당근 썰기**  부추는 5cm 길이로 썰고, 당근도 부추와 동일한 길이로 가늘게 채썬다.

**3 채소 채썰기**  붉은 양배추와 양파는 가늘게 채썰고, 붉은고추는 3cm 길이로 가늘게 채썬다.

 ■ 붉은 양배추는 물에 담가 색을 살짝 빼고 사용해야 다른 재료에 색이 번지는 것을 막을 수 있다.

**4 양념장 만들기**  분량의 재료를 섞어 무침 양념장을 만든다.

**5 그릇에 담기**  곤약, 부추, 양파, 붉은 양배추를 섞어 그릇에 담는다.

**6 양념장 끼얹기**  5에 양념장을 끼얹고, 당근과 붉은고추는 고명으로 올린다.

 ■ 먹기 직전에 미리 양념장에 버무려서 내도 좋다.

### 재료 [4인분]

곤약 200g
부추 · 당근 · 붉은 양배추 20g씩
양파 1/2개
붉은고추 1개

#### 무침 양념장

간장 3큰술
국간장 1큰술
고춧가루 1큰술
청주 1큰술
다진 마늘 1큰술
송송 썬 실파 1큰술
통깨 · 참기름 1작은술씩

**NOTE 곤약이란?** : 곤약은 구약나물이라는 식물인데 형태가 감자와 비슷하여 구약감자라고도 한다. 구약감자를 잘라서 말려 가루로 낸 뒤 수산화칼슘을 섞어 만든 것이다.

1   3   4

# 해파리 냉채

1인분 열량 **[ 74 kcal ]**

해파리는 비만을 예방하고 고혈압에 특히 좋다. 염증을 가라앉히고 소화 불량에 좋을 뿐만 아니라 수분으로 거의 이루어져 있기 때문에 다이어트에도 좋은 음식이다. 또 신경 안정 효과가 있으며 강장 해독약으로도 쓰여 왔다.

## 이렇게 만드세요!

**1 해파리 손질하기** 해파리는 깨끗이 씻어 하루 정도 물에 우려 낸 뒤, 뜨거운 물과 찬물을 반복해서 3번 정도 데쳐 적당한 크기로 자른다.

- 우릴 때 여러 번 물을 갈아 주면 좋고, 뜨거운 물과 찬물을 반복해서 데치면 쫄깃해진다.

**2 오이 채썰기** 오이는 5cm 길이로 가늘게 채썬다.

- 돌려 깎아 푸른 부분만 사용하면 더욱 산뜻해 보인다.

**3 배와 게맛살 준비하기** 배는 5cm 길이로 가늘게 채썰고, 게맛살은 5cm 길이로 잘라 가늘게 찢는다.

- 배는 갈변 방지를 위해 설탕물에 담갔다 사용한다.

**4 마늘소스 만들기** 마늘은 굵게 다져서 나머지 재료와 섞어 분량의 마늘소스를 만든다.

- 기호에 따라 연겨자(튜브용) 1큰술, 땅콩버터 1큰술을 넣어 먹으면 톡 쏘는 맛이 좋다.

**5 그릇에 담기** 모든 재료는 냉장고에 차게 두었다가 그릇에 담고 먹기 직전에 소스를 끼얹는다.

- 냉장고에 넣어서 차게 할 시간적 여유가 없을 경우는 랩으로 씌워서 냉동실에 5분 정도만 두어도 시원하게 먹을 수 있다.

### 재료 [4인분]

해파리 200g
오이 1/2개
배 1/2개
게맛살 2개

**마늘 소스**

간장 1/2큰술
다진 마늘 1큰술
레몬즙 1큰술
식초 · 설탕 3큰술씩
소금 약간

NoTE **마늘 보관법** : 마늘을 빻아서 얼음 얼리는 각에 넣어 얼면 떼어내어 밀폐용기에 담아 냉동실에 보관하면 편리하게 하나씩 꺼내서 사용할 수 있다.

1

2

3

# 단호박죽

1인분 열량 [ **99** *kcal* ]

단호박은 저칼로리 식품으로 다이어트에 좋은 식품이다. 또 비타민 C, 카로틴, 섬유질이 풍부해서 감기 예방, 피부 미용에 좋으며 소화 흡수가 잘 되므로 위궤양 환자나 변비에 좋다. 노란색의 카로티노이드는 항암 효과가 있다.

## 이렇게 만드세요 !

**1 단호박 삶기**  단호박은 껍질을 제거한 뒤 얇게 썰어서 물 2컵을 붓고 삶는다.

- 단호박을 통째로 끓는 물에 1분 정도 데쳐서 껍질을 벗기면 쉽게 제거할 수 있다.

**2 체에 내리기**  호박이 으깨질 정도로 익으면 체에 내린다.

**3 강낭콩 삶기**  강낭콩은 콩이 잠길 정도로 물을 부어 푹 삶다가 설탕과 소금으로 간을 한다.

**4 죽 끓이기**  체에 내린 호박을 냄비에 넣고 물 1컵과 삶아 놓은 강낭콩을 넣어 끓인다.

**5 찹쌀가루 넣기**  죽이 잘 어우러지면 찹쌀가루를 넣어 풀처럼 걸쭉하게 끓인 뒤 소금과 설탕으로 간을 한다.

### 재료 [4인분]

단호박 1개
강낭콩 50g
찹쌀가루 1/2컵
물 3컵(600ml)
소금 · 설탕 약간씩

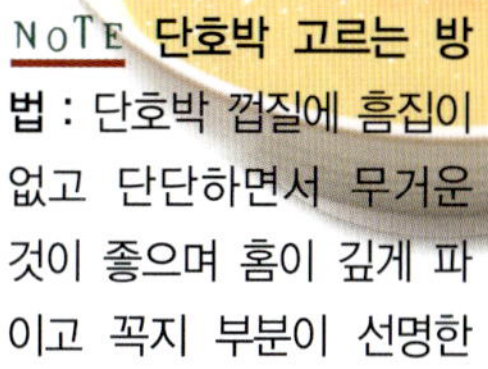

NOTE **단호박 고르는 방법** : 단호박 껍질에 흠집이 없고 단단하면서 무거운 것이 좋으며 홈이 깊게 파이고 꼭지 부분이 선명한 것으로 고른다.

# 채소쌈 (월남쌈)

 1인분 열량 [ **65** *kcal* ]

 채소는 포만감을 주고 식사량이 늘지 않아 다이어트에 효과적이다. 채소에 들어 있는 여러 가지 비타민은 주름 방지, 피부 미용에 좋을 뿐만 아니라 항암, 항산화 효과가 있다.

## 이렇게 만드세요 !

**1 돼지고기 볶기**  돼지고기는 5cm 길이로 채썰어 밑간을 한 다음 프라이팬에 볶는다.

- 밑간할 때 간장으로 간을 하면 음식이 검어 보이므로 소금으로 한다.
- 돼지고기 대신에 닭고기 · 소고기를 사용해도 좋다.

**2 오이 채썰기**  오이는 돌려 깎아 굵게 채를 썬다.

**3 붉은 양배추와 파프리카 채썰기**  붉은 양배추는 채썰어 물에 담갔다 건져두고, 파프리카(노랑, 주황, 빨강)는 굵게 채썬다.

**4 라이스페이퍼에 채소말기**  뜨거운(80℃ 정도) 물에 라이스페이퍼를 잠시 담갔다 건져서 물기를 닦은 뒤 채소를 넣고 소스를 뿌려 말아서 어슷어슷하게 썬다.

- 라이스페이퍼에 채소만 넣고 말아 어슷하게 썰어서 소스를 곁들여 내도 좋다.
- 각자 앞 접시에 놓고 말아서 먹는 요리이다.

### 재료 [4인분]

돼지고기 200g
오이 1개
붉은 양배추 50g
파프리카(노랑 · 주황 · 빨강) 1개씩
라이스페이퍼 8장

**돼지고기 밑간**

청주 1큰술
생강즙 1작은술
소금 · 후춧가루 약간씩

**간장 소스**

간장 5큰술
식초 3큰술
설탕 2큰술
겨자 1작은술(튜브용)
와사비 1/3작은술(튜브용)
다진 파프리카 · 꿀 약간씩

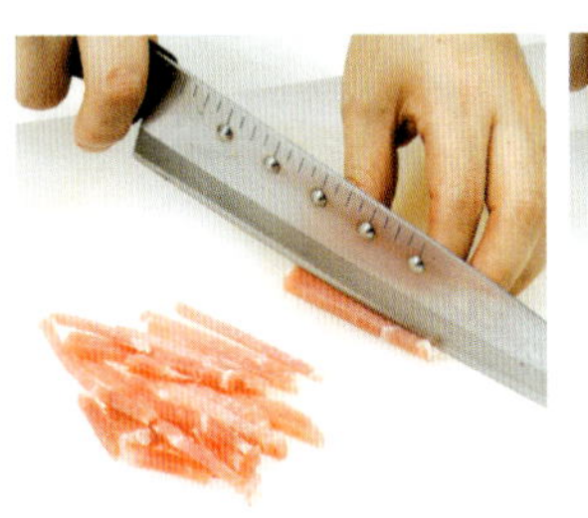

1

2

3

4

# 천사채 샐러드

1인분 열량 [ **22** *kcal* ]

천사채는 다시마 추출액으로 만든 것으로 칼로리가 낮아서 다이어트 식품으로 아주 좋다. 섬유질이 풍부해서 변비에 도움을 주고 칼륨, 마그네슘, 칼슘도 풍부하다.

## 이렇게 만드세요 !

**1 천사채 자르기**  천사채는 찬물에 씻어 먹기에 적당하게 자른다.
- 부드러운 맛을 원할 때에는 끓는 물에 살짝 데쳐서 사용한다.

**2 당근과 피망 채썰기**  당근과 푸른피망, 붉은피망은 5cm 길이로 채썬다.

**3 치커리 씻기**  치커리는 깨끗이 씻어서 준비한다.

**4 드레싱 만들기**  분량의 재료를 섞어 샐러드 드레싱을 만든다.
- 기호에 따라 연겨자(튜브용) 1작은술을 넣어도 좋다.

**5 드레싱으로 버무리기**  볼에 천사채, 당근, 푸른피망, 붉은피망을 넣고 샐러드 드레싱으로 버무린다.
- 드레싱으로 버무리지 않고 끼얹어내기도 한다.

**6 접시에 담기**  접시에 치커리를 깔고 천사채 샐러드를 담는다.

 **재료** [4인분]

천사채 200g
당근 60g
푸른피망 · 붉은피망 1/2개씩
치커리 50g

**샐러드 드레싱**
플레인 딸기 요구르트 1통 (120g)
설탕 · 레몬즙 · 식초 1큰술씩
옥수수콘 2큰술
소금 1작은술

NoTE **천사채란?** : 다시마에서 추출해 만든 가는 투명국수로 섬유질이 풍부해서 비만을 억제한다. 꼬들꼬들 씹히는 맛이 특별하다.

1  2  4

# 우무 무침

1인분 열량 [ **3 *kcal*** ]

우무는 우뭇가사리를 고아서 식혀 젤리 모양으로 만든 것으로 식이섬유가 풍부하여 비만 예방에 좋다. 장내의 노폐물을 청소해주고 신진대사를 원활하게 하며 피부를 아름답게 가꿔주고 피를 맑게 하여 고혈압과 변비 해소에 효과적이다.

## 이렇게 만드세요 !

**1 우무 채썰기**  우무는 곱게 채썬다.
  - 시판용은 썰어서 나오기도 한다.

**2 오이 채썰기**  오이는 소금으로 깨끗이 문질러 씻어 5cm 길이로 채썬다.
  - 오이를 소금으로 문질러 씻으면 소독도 되고 푸른색을 유지할 수 있다.

**3 고추 채썰기**  푸른고추, 붉은고추는 3cm 길이로 채썬다.

**4 양념장 만들기**  분량의 재료를 섞어 양념장을 만든다.

**5 양념장 끼얹기**  그릇에 우무를 담고 오이와 고추를 얹은 뒤 생수를 붓고 양념장을 끼얹어낸다.
  - 시원하게 얼음을 띄워내도 좋다.

###  재료 [4인분]

우무 200g
오이 1/2개
푸른고추 · 붉은고추 2개씩
생수 1컵

**양념장**

간장 1큰술
설탕 1작은술
다진 파 · 다진 마늘 1작은술씩
식초 1큰술

# 해초(다시마) 샐러드

1인분 열량 [ **32 _kcal_** ]

다시마는 비만을 예방해주고 우리 몸에 쌓이는 중금속과 농약, 환경 호르몬 등을 흡착·배설하고 해독하는데 도움이 된다. 아미노산인 라이신의 성분은 혈압을 내리고 요오드의 함량이 높아 갑상선 예방에 효과가 있으며 칼슘, 인, 철, 비타민 등이 풍부하다. 콜레스테롤을 조절해주고 암 예방과 변비에도 효과가 있으며, 스트레스 해소에 좋아 수험생 영양 간식으로도 좋다.

## 이렇게 만드세요 !

**1 해초 자르기**    샐러드용 해초(다시마)는 물에 담가 짠맛을 없앤 뒤 적당한 크기로 자른다.

**2 양파 채썰기**    양파는 곱게 채썰어 물에 담가 매운맛을 없앤다.
- 양파를 링 모양으로 얇게 썰어 물에 담갔다 살짝 말리면 예쁜 장식이 될 수 있다.

**3 레몬 썰기**    레몬은 얇게 반달 모양으로 썰어 놓는다.

**4 그릇에 담기**    샐러드용 해초와 레몬, 양파채를 그릇에 담고 소스를 끼얹어낸다.

### 재료 [4인분]

샐러드용 해초(다시마) 150g
양파 1/2개
레몬 1개

**드레싱 소스**

레몬즙 2큰술
사과즙 1큰술
설탕 1큰술
통깨 약간

**NOTE 해초로 만든 다양한 요리 :** 해초쫄면, 해초수제비, 해초비빔밥, 해초칼국수, 해초돈가스, 해초찐빵, 해초만두 등

1

2

3

4

# 꽈리고추 무침

1인분 열량 [ **88** *kcal* ]

## 이렇게 만드세요!

**1 꽈리고추 찌기** 꽈리고추는 꼭지를 따고 씻어서 밀가루를
묻힌 뒤 김 오른 찜통에 10분 동안 찐다.

- 너무 오래 찌면 색이 누렇게 변하므로 주의한다.
- 밀가루 대신 날콩가루를 묻혀도 구수하다.

**2 양념장 만들기** 분량의 재료를 섞어 무침 양념장을 만든다.

**3 무치기** 꽈리고추찜이 식기 전에 무침 양념장으로 무친다.

- 찜을 한 꽈리고추를 그릇에 담고 양념장을 끼얹어내도 된다.
- 식기 직전에 양념을 하면 꽈리고추에 양념이 잘 무쳐진다.

### 재료 [4인분]

꽈리고추 100g
밀가루 1/3컵

**무침 양념장**

간장 1큰술
국간장 1작은술
다진 푸른고추 1작은술
다진 붉은고추 1작은술
고춧가루 1작은술
통깨 1작은술
참기름 1작은술

꽈리고추는 비옥한 토양에서 재배되어 질감이 좋아 맛이 있으며 카로틴과 비타민 C가
풍부하다. 캡사이신이 조리시 비타민 C의 손실을 막아주고 소화작용과 혈액 순환에도
도움을 주며 지방을 분해하는 효과가 있어 비만 예방에 좋은 식품이다.

# 꽈리고추 멸치조림

1인분 열량 [ **63** *kcal* ]

## 이렇게 만드세요 !

**1 멸치 볶기**  멸치는 기름을 두르지 않은 프라이팬에 볶는다.
- 비린내가 나지 않게 살짝 볶는다.

**2 조리기**  프라이팬에 간장, 다진 마늘, 생강즙, 물, 물엿을 넣고 끓으면 멸치를 넣어 조린다. 꽈리고추를 넣고 잠시 볶다가 고춧가루를 넣고 불을 끈 뒤 통깨, 참기름으로 마무리한다.
- 조림장을 너무 끓이면 멸치가 딱딱해지므로 은근히 끓인다.

### 재료 [4인분]

꽈리고추 100g
볶음 멸치 100g

### 조림장

간장 1+ 1/2큰술
다진 마늘 1작은술
생강즙 1작은술
물 · 물엿 2큰술씩
고춧가루 1작은술
통깨 · 참기름 1작은술씩

멸치에는 불포화지방산인 EPA와 DHA가 풍부하여 어린이 지능 발달에 효과가 있고 항암 작용이 있는 니아신이 들어있다. 또, 단백질과 칼슘 등 무기질이 풍부하여 특히 임산부에게 좋다.

# ● 암

암은 우리나라에서 사망 원인 1위로 사망 원인 중 20%를 차지하는 아주 무서운 질병이다. 암은 90%가 환경적인 요인으로 발생한다고 한다. 환경적인 요인으로는 흡연, 알코올, 잘못된 식생활, 바이러스 등을 위험인자로 본다. 적당한 운동으로 심신을 단련하고 방부제 첨가 음식, 소금에 절인 저장 음식, 불에 탄 생선이나 고기, 자극적인 음식은 피하는 것이 좋다.

**암 예방에 좋은 식품**

양파, 양배추, 인삼, 검은깨, 버섯, 녹차, 감자, 마늘, 토마토, 브로콜리, 컬리플라워, 등푸른 생선, 당근, 미역, 다시마, 무, 콩, 우유, 시금치, 바지락, 참깨, 두부, 고구마, 된장 등

**암 예방 생활법**

| | | |
|---|---|---|
| 뜨거운 음식은 피한다. | 과식은 피하고 정상 체중을 유지한다. | 따뜻한 목욕이나 샤워를 자주하여 몸을 청결히 한다. |
| 브로콜리, 양배추, 시금치 등 녹황색 채소를 충분히 섭취한다. | 발암물질이 많이 생긴 탄 음식은 피한다. | 알코올을 줄이고, 금연을 한다. |
| 질병에 걸릴 위험이 높은 스트레스를 피한다. | 과다한 지방은 암을 유발하므로 지방이 적은 음식을 먹는다. | 과다한 자외선 노출은 피한다. |

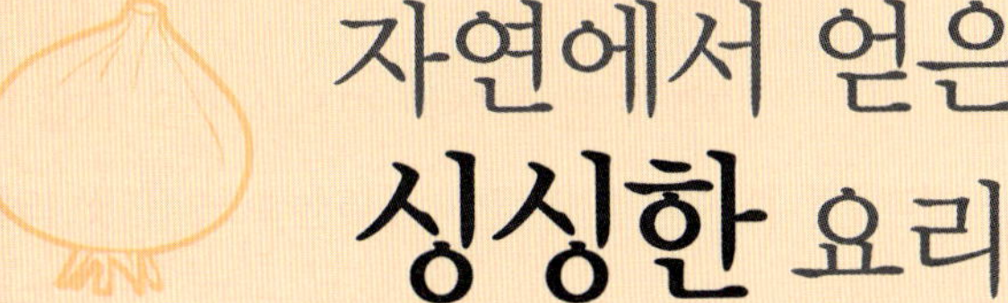

# 자연에서 얻은
## 싱싱한 요리

# 고구마죽

1인분 열량 [ **212** *kcal* ]

고구마의 베타카로틴은 위암과 폐암을 예방하는데 고구마의 노란색이 진할수록 베타카로틴이 많아 항암효과가 높다. 또 위를 튼튼하게 하고 체력 유지에 좋으며 비타민 성분이 많아 노화를 막는다. 식물성 섬유는 변비, 비만, 대장암을 예방하며, 콜레스테롤 수치를 낮추고 혈압을 조절해 고혈압을 예방한다.

## 이렇게 만드세요 !

**1 고구마 썰기**  고구마는 깨끗이 씻어 껍질을 벗긴 뒤 사방 1cm 크기로 썬다.

■ 삶아서 체에 내려도 좋다.

**2 쌀 빻기**  쌀은 1시간 이상 불려 절구에 적당하게 빻는다.

**3 죽 끓이기**  냄비에 쌀, 고구마, 물을 넣고 끓이다가 나무 주걱으로 고구마가 으깨지지 않도록 살살 저어준다.

**4 흑설탕 넣기**  죽이 잘 퍼지면 흑설탕 1큰술을 넣는다.

**5 간 맞추기**  죽이 완성되면 먹기 직전에 소금으로 간을 한다.

 **재료** [4인분]

고구마 200g
불린 쌀 1컵
물 8컵(1,600ml)
소금 약간
흑설탕 1큰술

**NOTE** 손쉽게 군고구마를 만드려면? : 고구마를 깨끗이 씻어 물기 없는 냄비에 넣고 뚜껑을 덮어 약한 불에 30분 정도 구우면 맛있는 군고구마가 완성된다. 이 때 헌 냄비를 이용하면 편리하다.

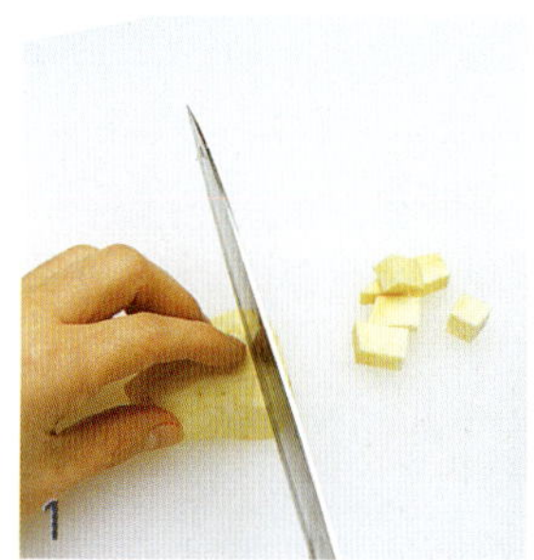

# 녹차 셰이크

1인분 열량 [ **82 kcal** ]

녹차는 매일 7잔 이상 마시면 암을 예방할 수 있고, HDL-콜레스테롤(좋은 콜레스테롤)을 상승시키고 LDL-콜레스테롤(나쁜 콜레스테롤)은 감소시킨다. 운동을 하기 전이나 식사 후에 녹차를 마시면 지방이 연소되어 다이어트에 좋다. 혈압을 낮추고 노화를 억제하여 수명이 연장되며 당뇨병, 식중독 예방, 감기, 알코올, 담배 해독에 효과가 있다.

## 이렇게 만드세요 !

**1 사과 자르기** 사과는 껍질을 벗기고 씨와 심을 제거한 뒤 적당하게 자른다.

**2 바나나 자르기** 바나나는 껍질을 벗기고 적당하게 자른다.

**3 레몬즙 뿌리기** 사과와 바나나는 색이 변하므로 레몬즙을 뿌려서 색 변질을 막는다.

- 레몬즙은 마트에 시판되는 것을 쓰면 편리하다.

**4 믹서에 갈기** 사과, 바나나, 우유, 가루녹차, 얼음을 넣고 믹서에 간다.

- 가루 녹차는 녹차 잎보다 향이 강하고 맛이 좋다.

**5 컵에 따르기** 컵에 4를 따르고 얼음을 띄운다.

### 재료 [4인분]

가루녹차 2작은술
사과 1개
바나나 1개
우유 1컵
레몬즙 1큰술
얼음 적당량

 레몬즙

NoTE **녹차 맛있게 마시기 :** 녹차는 하루에 500ml 정도 먹으면 적당하고 식후에 마시는 것이 좋다. 입이 텁텁하거나 느끼한 것을 먹고 난 후 마시면 입안이 개운해지며 따뜻한 물(100℃로 끓여서 70℃ 식혀서 우린다)에 우려서 냉장고에 시원하게 보관해서 마시면 맛있게 녹차의 맛을 즐길 수 있다.

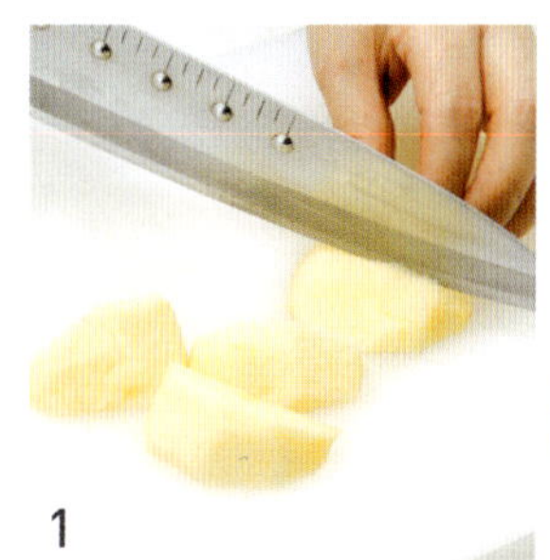

1

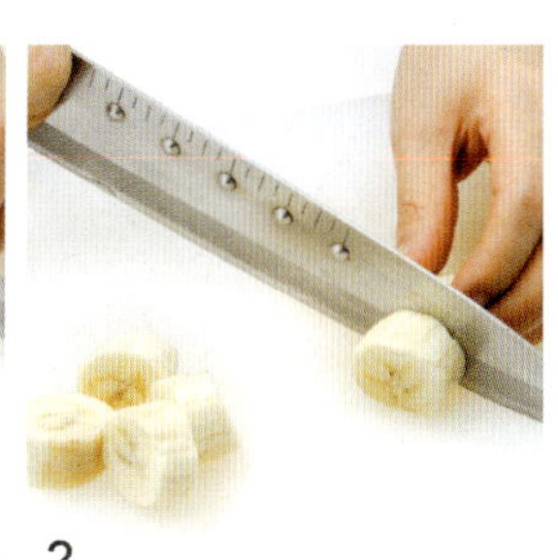

2

3

# 쪽파 무침

1인분 열량 [ **6 *kcal*** ]

쪽파는 알릴화합물이 있어 암을 예방하고 혈액 순환을 원활하게 하며 종기 치료에 탁월한 효과가 있다. 류마티스, 신경통, 폐에 효과가 있으며 피를 맑게 하여 장수 식품이기도 하고 각종 성인병 예방에 효과가 있다. 김치의 양념 재료와 부재료로 다양하게 쓰인다.

## 이렇게 만드세요 !

**1 쪽파 다듬기**  쪽파는 다듬어서 깨끗이 씻는다.

**2 양념장 만들기**  분량의 재료(참치액젓, 고춧가루, 물엿, 설탕)를 섞어 양념장을 만든다.

**3 쪽파 데치기**  쪽파를 끓는 물에 소금을 약간 넣고 데친다.
- 너무 오래 데치면 질감이 떨어진다.

**4 버무리기**  데친 쪽파는 양념장에 버무린다.

**5 모양 만들기**  3개 정도 말아서 모양을 만든 뒤 접시에 담고 통깨를 뿌린다.

### 재료 [4인분]

쪽파 200g

**양념장**
참치액젓 1+1/2큰술
고춧가루 · 물엿 1큰술씩
설탕 1/2작은술
통깨 1작은술

**참치액젓**

나물무침, 메밀국수, 우동, 찌개, 매운탕, 미역국 등에 사용한다.

**NOTE 맛있는 쪽파 고르기** : 쪽파 머리 부분이 통통하고 둥글며 잎이 짧고 색이 선명한 것이 재래종이며, 파김치로는 머리 부분이 크지 않은 것이 맛있고 맵지 않다.

2

3

5

# 미역 옹심이국

1인분 열량 **[ 312 _kcal_ ]**

미역은 칼슘이 많은 알칼리성 식품으로 항암 효과가 있고 장을 원활하게 해주며 혈액 중의 지방질을 깨끗하게 한다. 콜레스테롤 체내 흡수를 방해하여 중금속을 흡착·배설하는 기능을 하며 유해한 LDL–콜레스테롤은 줄게 하고 유익한 HDL–콜레스테롤은 증가시킨다. 미역의 라미나린은 혈압을 내려 고혈압을 억제해준다.

## 이렇게 만드세요 !

**1 미역 불리기**  미역은 불려서 준비한다.

**2 옹심이 만들기**  찹쌀가루는 뜨거운 물로 반죽하여 옹심이를 만들어 멥쌀가루에 굴려서 준비한다.
- 옹심이를 멥쌀가루에 굴려서 끓이면 늘어지는 것을 방지할 수 있다.

**3 다시국물 만들기**  마른 새우, 북어, 다시마를 넣고 다시국물을 만든다.

**4 미역국 끓이기**  냄비에 참기름 3큰술을 넣고 달궈지면 미역을 볶다가 국간장을 넣고 다시국물을 넣어 끓인다.

**5 옹심이 넣기**  국이 다 끓여지면 옹심이를 넣고 마늘과 생강즙을 넣는다.
- 옹심이가 떠오르면 익은 것이다.
- 생강즙을 많이 넣으면 향이 너무 강해지므로 적당량을 넣고 생강향이 싫으면 넣지 않아도 된다.

### 재료 [4인분]

미역 50g
찹쌀가루 2컵
멥쌀가루 1/3컵
참기름 3큰술
국간장 3큰술
다시국물 6컵(1,200ml)
생강즙 1/2작은술
다진 마늘 1작은술

NOTE **미역국에 들깨가루 넣기 :** 미역국이 다 끓고 나서 들깨가루를 체에 걸러 풀어보자. 어릴 적 고향 맛이 느껴진다.

## Plus +

### 다시국물 만들기

**재료 :** 북어 1마리, 마른 새우 50g, 다시마 (10×10cm) 1장, 물 10컵

**국물 내기 :** 북어는 1시간 정도 물에 불린 후 마른 새우와 다시마를 넣고 국물이 우러나도록 끓인다.

**이용할 수 있는 요리 :** 미역국, 소고기국, 콩나물국, 북어국 등을 끓일 수 있다.

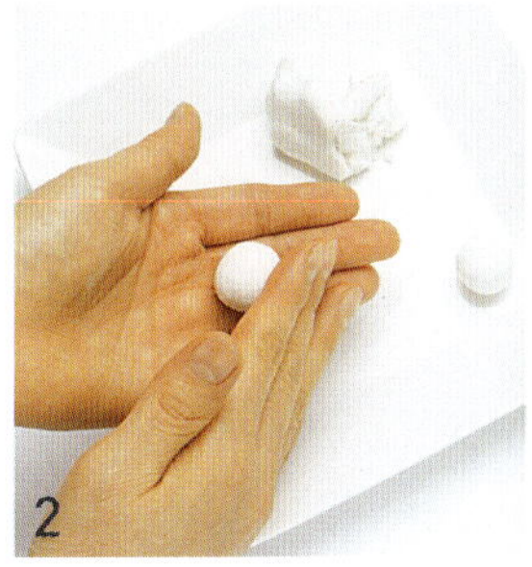

# 해물 된장찌개

1인분 열량 [ **134** *kcal* ]

된장은 항암 효과가 뛰어나고 콜레스테롤을 분해하는 성분이 있으며 다이어트에도 좋은 식품이다. 몸속의 불순물과 독소를 씻어주고 피를 맑게 해주며 숙변 제거에도 좋다. 소화력이 뛰어난 식품으로 고혈압 예방과 간 기능 회복에도 탁월한 효과를 보인다.

## 이렇게 만드세요!

**1 버섯, 감자, 애호박 썰기** 표고버섯은 뜨거운 물에 불려서 채 썰고 감자와 애호박은 반달 모양으로 썬다.

**2 무, 두부, 양파 썰기** 무와 두부는 나박 썰기를 하고 양파는 다른 재료와 비슷한 크기로 썬다.

**3 고추와 대파 썰기** 푸른고추, 붉은고추, 대파는 어슷하게 썬다.

**4 해산물 씻기** 바지락, 꽃게, 미더덕은 소금물에 씻는다.
- 바지락을 소금 탄 물에 넣어 신문으로 덮어 어두운 곳에 두면 해감된다.

**5 다시국물 만들기** 냄비가 달궈지면 내장을 제거한 멸치를 넣고 볶다가 물을 붓고 나머지 재료들을 넣어 10분 정도 끓여 다시국물을 만든다.

**6 끓이기** 다시국물에 된장을 풀고 표고버섯, 감자, 양파, 무를 넣고 끓이다가 바지락, 꽃게, 미더덕을 넣고 두부를 넣는다.

**7 거품 제거하기** 한소끔 끓으면 거품을 제거하고 애호박, 푸른·붉은고추, 대파, 다진 마늘, 생강즙을 넣고 마무리한다.
- 생강즙을 넣으면 된장의 텁텁한 맛을 줄일 수 있다.

## 재료 [4인분]

된장 3큰술
표고버섯 2장
감자 1개
애호박 1/4개
무 50g
두부 1/4모
양파 1/2개
푸른고추·붉은고추 1개씩
대파 1대
바지락 1/2봉지
꽃게 1/2마리
미더덕 20g
다진 마늘 1작은술
생강즙 1/2작은술
다시국물 3컵

### 멸치다시국물

국물멸치 10마리, 물 5컵
다시마 10×10cm 1장
양파 1/4개, 파뿌리 1개
마늘 5개, 마른 고추 3개

1          4          6

"

# 카레라이스

1인분 열량 [ **347** *kcal* ]

카레는 암 진단 환자에게 항암 효과가 있고 카테고라민이라는 호르몬이 형성되어 지방 대사를 촉진시켜 다이어트에 효과적이며 혈액 순환에도 도움을 준다. 카레의 커큐민 성분은 지방질을 산화시켜 성인병을 예방한다.

## 이렇게 만드세요 !

**1 돼지고기와 감자 썰기**  돼지고기는 사방 1.5cm 크기로 자르고, 감자는 돼지고기와 같은 크기로 썬다.
- 돼지고기는 키친타월에 싸서 핏물을 제거한다.

**2 양파와 당근 썰기**  양파, 당근도 돼지고기와 같은 크기로 썬다.

**3 브로콜리 데치기**  브로콜리는 가닥가닥 떼어 씻어서 끓는 물에 소금을 넣고 살짝 데친다.

**4 익히기**  냄비에 돼지고기, 감자, 양파, 당근과 물을 넣고 올리브유를 넣는다.
- 올리브유에 고기를 볶으면 딱딱해지므로 볶지 않는다.

**5 브로콜리 넣기**  4를 불에 올려서 채소가 어느 정도 익으면 데쳐 놓은 브로콜리를 넣는다.
- 푸른 채소는 일찍 넣으면 색이 변하므로 다른 채소가 익으면 마지막에 넣는다.

**6 카레가루 넣기**  카레가루에 물을 약간 넣고 거품기로 잘 풀어서 넣는다.
- 카레가루를 잘 풀지 않으면 덩어리지므로 풀어서 넣는다.

## 재료 [4인분]

카레가루 1봉지(100g)
돼지고기 200g(안심 부위)
감자 · 양파 2개씩
당근 1개
브로콜리 100g
올리브유 1/3컵(70ml)
물 3컵(600ml)

**NOTE 카레떡볶이 만들기**
: 떡볶이 재료를 준비해 카레가루를 풀어 넣고 꿀, 맛술을 약간만 더 첨가하면 멋진 카레떡볶이가 완성된다.

1

4

6

# 과일 샐러드

1인분 열량 [ **103** *kcal* ]

키위는 참다래라고 하며 항암작용, 부종, 심장병 환자에게 효과가 크다. 소갈증을 없애주고 급성 간염에 효과가 있으며 비타민 C가 있어 괴혈병 예방과 치료에 쓰인다. 노란색 과일에는 베타카로틴 성분이 들어있는데 암, 심장질환 등 성인병을 예방하는 효과가 뛰어나고 체내에서 비타민 A로 전환되어 동맥경화, 백내장 예방에도 도움을 준다.

## 이렇게 만드세요 !

**1 양상추 뜯기**  양상추는 씻어서 잠시 얼음물에 담가 싱싱하게 한 뒤 손으로 먹기 좋게 뜯어 둔다.

- 양상추는 뜯지 않고 통째로 얼음물에 담가야 영양분 손실이 적다.
- 양상추는 칼로 썰면 갈변되므로 손으로 뜯어서 사용한다.

**2 키위 자르기**  키위는 4등분 한다.

**3 파인애플과 복숭아 자르기**  파인애플은 6등분 하고, 복숭아는 2등분 한다.

**4 방울토마토와 포도 자르기**  방울토마토와 포도는 반으로 자른다.

**5 베이컨 굽기**  베이컨은 프라이팬에 구워서 적당한 크기로 자른다.

**6 드레싱 만들기**  옥수수콘은 믹서에 살짝 갈고 나머지 재료와 섞어 드레싱을 만든다.

- 옥수수콘은 그냥 넣어도 되지만 살짝 갈아서 넣어 옥수수의 향이 나게 한다.

**7 그릇에 담기**  샐러드 그릇에 준비된 재료를 담고 드레싱을 끼얹어낸다.

 **재료** [4인분]

양상추 2장
키위 1개
파인애플링 2개 (통조림)
복숭아 4쪽 (통조림)
방울토마토 10개
포도 10알
베이컨 3장

**드레싱 소스**

요플레 1통
레몬즙 · 설탕 1큰술씩
생크림 · 옥수수콘 2큰술씩
소금 1/2작은술

1

3

5

# 브로콜리 수프

1인분 열량 [ **185** *kcal* ]

브로콜리에 들어있는 베타카로틴, 술포라팬이란 성분은 항암 작용이 뛰어나며 스트레스를 많이 받는 사람에게 좋고 어린이 성장 발육과 각종 성인병, 고혈압, 심장병에 좋다. 비타민 A가 풍부하여 감기를 예방해주며 비타민 C, 철분이 높아 빈혈 예방에도 좋다. 풍부한 식이섬유는 대장암 예방에 효과적이다.

## 이렇게 만드세요 !

**1 육수 만들기** 분량의 물에 닭, 양파, 대파, 통후추를 넣고 끓여 육수를 만든다.

**2 감자와 양파 볶기** 감자와 양파는 얇게 썰어서 버터를 두른 프라이팬에 볶다가 밀가루를 넣고 볶은 뒤 닭육수 1컵을 넣어 끓인다.

**3 믹서에 갈기** 2가 식으면 믹서에 곱게 간다.

**4 브로콜리 씻기** 브로콜리는 가닥가닥 떼어서 씻는다.

**5 브로콜리 삶기** 끓는 물에 소금을 넣고 브로콜리를 무를 때까지 익힌 뒤 체에 걸러 닭육수 1컵을 넣고 믹서에 간다.

**6 수프 끓이기** 믹서에 간 3, 5에 우유를 넣고 끓이다가 생크림과 바질을 넣고 소금과 후춧가루로 간을 한다.

■ 바질은 수프에 들어가는 향신료로 식료품 재료상회나 대형 식품 마트에서 구입이 가능하다.

### 재료 [4인분]

브로콜리 150g
감자 2개
양파 1/2개
버터 1큰술
밀가루 1큰술
닭 육수 2컵
우유 1/2컵
생크림 1/3컵
바질 1/4작은술
소금 · 후춧가루 약간씩

## Plus +

**닭육수 만들기**

**재료 :** 닭 1/2마리, 물 6컵, 양파 1/2개, 대파 1대, 통후추 1큰술

**국물 내기 :** 닭은 기름기를 제거하고 깨끗이 씻어 물을 붓고 양파, 대파, 통후추를 함께 넣고 푹 고아서 체에 걸러 사용한다.

**닭육수로 이용할 수 있는 요리 :** 해물누룽지탕, 브로콜리수프, 닭죽, 육계장, 짬뽕 등

# 양배추 주스

1인분 열량 [ **27** *kcal* ]

## 이렇게 만드세요 !

**1 양배추 손질하기** 양배추는 적당하게 뜯어 놓는다.
- 칼로 썰면 잘린 부분의 색이 변하므로 한 잎씩 뜯어서 사용한다.

**2 사과 자르기** 사과는 껍질을 벗기고 적당하게 자른다.

**3 믹서에 갈기** 양배추와 사과를 믹서에 간다.

**4 레몬즙 넣기** 3에 레몬즙을 섞어 유리컵에 따라낸다.
- 레몬즙은 주스의 갈변 현상을 지연시켜 준다.

 **재료** [4인분]

양배추 5잎
사과 1개
레몬즙 1큰술

 양배추는 괴혈병, 눈병, 천식, 결핵, 암 등의 예방과 치료에 효과적이며 브라시닌과 술포라 팬이 발암물질을 제거하는 효소를 늘려준다. 필수아미노산인 라이신이 들어있어 성장기 어린이에게 좋으며 저 열량식이라서 다이어트에 효과가 있다. 비타민 C, 인, 칼슘, 요오드 등이 있어 여드름 회복을 빠르게 하고 지성 피부에도 좋다.

# 양배추 다시마 쌈

1인분 열량 [ **16** *kcal* ]

## 이렇게 만드세요 !

1 **양배추 찌기**  양배추는 깨끗이 씻어 찜통에 10분 정도 쪄서 식힌다.

2 **다시마 데치기**  쌈 다시마는 물에 5시간 이상 담가 염분을 제거한 뒤 끓는 물에 살짝 데친다.
   ■ 데치면 특유의 냄새가 제거된다.

3 **머위 잎 데치기**  머위 잎은 끓는 물에 소금을 넣고 살짝 데친다.

4 **액젓간장 만들기**  분량의 재료를 섞어 액젓간장을 만든다.

5 **접시에 담기**  접시에 양배추, 다시마, 머위 잎을 담고 액젓간장을 곁들인다.

### 재료 [4인분]

양배추 10잎
쌈 다시마 100g
머위 잎(또는 호박잎) 10장

**액젓 간장**

멸치액젓 5큰술
송송 썬 붉은 · 푸른고추 1큰술씩
채썬 마늘 1큰술
고춧가루 · 통깨 1작은술씩

# 통오징어 내장찜

1인분 열량 [ **51** *kcal* ]

### 이렇게 만드세요 !

**1 오징어 찌기**  산 오징어는 깨끗이 씻어 그대로 찜통에 찐다.
- 비닐봉지에 오징어와 물을 함께 넣고 흔들어서 씻으면 간편하다.

**2 초고추장 만들기**  분량의 재료를 섞어 초고추장을 만든다.

**3 오징어 자르기**  찜을 한 오징어는 둥글게 모양대로 잘라 초고추장을 곁들인다.
- 뜨거울 때 썰면 오징어의 내장이 나올 수 있으므로 식으면 썬다.

### 재료 [4인분]

산 오징어 2마리
**초고추장**
고추장 4큰술
식초 · 콜라 · 설탕 2큰술씩
통깨 1큰술

오징어는 항암효과, 편두통 치료, 심장질환 예방에 좋다. 단백질 함량이 높고 EPA와 DHA가 풍부한데 EPA는 콜레스테롤을 저하시키고 혈액순환을 돕고 DHA는 뇌의 발달에 도움을 주고 혈압을 정상화시킨다. 타우린의 성분이 많아 성인병 예방에 좋으며 인슐린의 분비를 촉진시켜 당뇨병도 예방해준다.

# 오삼 불고기

1인분 열량 [ **191** *kcal* ]

### 이렇게 만드세요 !

**1 오징어 칼집 넣기**  오징어는 껍질을 제거하고 칼집을 넣어 적당하게 자른다.

**2 돼지고기 자르기**  돼지고기는 먹기 좋은 크기로 자른다.

**3 양념장 만들기**  마늘, 생강, 양파, 키위, 파인애플링은 믹서에 갈고 나머지 분량의 재료를 섞어 양념장을 만든다.
- 키위와 파인애플은 오징어를 연하게 해준다.

**4 대파와 양파 채썰기**  대파는 5cm 길이로 잘라 채썰고, 양파도 곱게 채썬다.

**5 오징어와 삼겹살 볶기**  오징어와 삼겹살을 양념장에 30분 재워두었다가 프라이팬에 호일을 깔고 볶는다.

**6 그릇에 담기**  5를 그릇에 담고 양파채와 대파채를 올린다.

 **재료** [4인분]

오징어 1마리
삼겹살 200g

**양념장**
마늘 5톨
생강 1쪽
양파 1/4개
키위 1개
파인애플링 1개 (통조림)
고추장 3큰술
고춧가루 2큰술
설탕 · 간장 · 청주 1큰술씩
후춧가루 약간

# 고추장 담그기

**고**추장은 우리 민족이 만들어낸 독창적인 한국 전통의 맛으로 우리 식생활에서 거의 빠지지 않는 밑반찬이다. 단백질 원료인 콩과 전분질인 찹쌀, 보리쌀을 증자한 뒤 황국으로 제국하고 당화하여 고춧가루와 소금을 넣고 숙성시키기 때문에 단맛, 구수한 맛, 짠맛 및 매운맛이 잘 조화된 조미료이다.

고추장은 재료와 만드는 법에 따라 다양하게 나뉘는데 보리고추장, 수수고추장, 밀가루고추장, 찹쌀고추장, 고구마고추장, 단감고추장, 매실고추장 등이 있다. 지방에 따라서도 다양하게 발달되어 있는데 순창, 진주, 해남지방의 고추장이 유명하며 순창고추장이 특히 유명하다.

### 찹쌀 고추장을 담가 보자

붉은고추를 잘 말린 후 깨끗이 닦아 꼭지를 따고 방앗간에서 고추장용으로 곱게 빻는다. 엿기름은 미지근한 물에 1시간 가량 불려서 주머니에 넣고 치대어 엿기름물을 받아 둔다. 엿기름물에 찹쌀가루를 넣고 2시간 동안 둔다. 시간이 지나면 찹쌀가루가 불어 있을 것이다. 냄비에 담고 불에 올려 나무주걱으로 저으면서 정성스럽게 서서히 끓인다. 이것을 삭는다고 표현을 한다.

보글보글 노란색이 나면 불을 끄고 차게 식혀 여기에 고춧가루, 메줏가루,

굵은 소금을 넣고 잘 섞어준다. 너무 농도가 뻑뻑하다는 생각이 들면 청주를 약간 넣어 농도를 조절한다. 청주는 또 나중에 부글부글 끓어오르는 것을 방지한다. 잘 섞은 뒤 바로 항아리에 담지 않고 5시간을 놔 둔다. 고춧가루가 불면 농도가 더욱더 되직해질 수 있으므로 지켜보고 청주로 농도를 조절한다.

항아리를 소독하고 고추장을 정성스레 담아서 소금을 뿌린 뒤 뚜껑을 덮고 햇볕이 잘 드는 곳에 보관한다.

고추장을 담글 때 물엿을 많이 사용하면 찌개나 음식이 달아서 맛이 좋지 않을 수 있으므로 고추장이 발효된 뒤에 기호에 따라 약간의 물엿이나 올리고당으로 맛을 내는 것이 바람직하다.

이렇게 해서 30일만 지나면 아주 맛있는 훌륭한 찹쌀고추장을 맛볼 수 있다. 햇빛이 잘 드는 날 가끔 한 번씩 독의 뚜껑을 열어준다.

## ● 고콜레스테롤증

고콜레스테롤증은 높은 콜레스테롤치를 가졌다는 것으로, 조절하지 않으면 심장 발작이나 뇌졸중 같은 질병을 초래하게 된다. 지방의 일종인 콜레스테롤은 주로 간에서 생성되며 우리 몸에 꼭 필요한 구성 성분으로 크게 좋은 콜레스테롤(HDL : high density lipoprotein)과 나쁜 콜레스테롤(LDL : low density lipoprotein)로 나누어진다. HDL은 고밀도 지단백질로 콜레스테롤 농도가 낮고 단백질 함량이 높으며 조직에서 간으로 운반해주므로 동맥경화 예방 요소이지만, LDL은 저밀도 지단백질로 혈액 내에서 전환하므로 LDL이 많으면 콜레스테롤이 혈관에 많이 쌓여 동맥경화의 위험인자라 할 수 있다.

**고콜레스테롤증 예방에 좋은식품**

등푸른 생선, 팥, 양배추, 아스파라거스, 콩, 호두, 들깨, 참깨, 들기름, 당근, 브로콜리, 양파, 미역, 두부, 메밀 등

**고콜레스테롤증 예방 생활법**

| | | |
|---|---|---|
| 콜레스테롤이 많이 함유된 달걀노른자, 간, 새우, 게, 오징어 등은 피한다. | 포화지방산인 닭기름, 쇠기름, 돼지기름은 콜레스테롤 수치를 높이므로 피하는 것이 좋다. | 쇼트닝, 마가린, 버터를 피한다. |
| 과음, 흡연, 스트레스 등도 줄여야 한다. | 식이섬유가 풍부한 채소와 과일을 많이 먹는다. | 운동을 규칙적으로 꾸준히 해야 한다. |
| 튀김보다는 찜이나 굽는 요리를 한다. | 불포화지방산인 참깨, 들깨, 들기름 등을 많이 섭취한다. | 요플레, 유산균 음료 등 발효유를 많이 먹는다. |

# 고콜레스테롤증

## 기름기 쏙 뺀
# 산뜻한 요리

# 검은깨죽(흑임자죽) 1인분 열량 [ **261** *kcal* ]

검은깨는 정력 증강, 탈모 치료에 효과적이며 섬유질과 칼슘이 풍부해 피부 미용과 변비 치료에 탁월하다. 불포화지방산을 다량 함유하고 있어 콜레스테롤의 수치를 내리며 뼈를 튼튼하게 하고 원기회복에 좋다. 아토피 피부염에도 효과가 있으며 레시틴이 들어있어 두뇌 활동을 도와주어 성장기 어린이에게 좋다.

## 이렇게 만드세요 !

**1 검은깨 손질하기**  검은깨는 깨끗이 씻어 티를 없앤다.
- ■ 볶아서 파는 검은깨를 사용하면 편리하다.

**2 깨 볶기**  씻어 놓은 검은깨를 프라이팬에 기름을 두르지 않고 볶는다.

**3 깨 갈기**  볶은 검은깨는 믹서에 곱게 간다.
- ■ 까칠까칠한 느낌이 싫으면 체에 한번 거른다.

**4 쌀 불려 갈기**  쌀은 충분히 불려 믹서에 물 1컵을 넣고 곱게 간다.

**5 죽 끓이기**  곱게 간 쌀과 검은깨를 냄비에 넣고 남겨 놓은 물 5컵을 더 부어 은근히 끓인다.

**6 주걱으로 저어주기**  죽이 되직해질 때까지 나무 주걱으로 저어가며 끓여 먹기 직전에 소금으로 간을 한다.

 **재료** [4인분]

검은깨 1/2컵
불린 쌀 1컵
물 6컵
소금 약간

**NOTE 검은깨 볶을 때 주의하기 :** 검은깨는 다 볶아졌는지 구분이 안 되므로 태울 수 있다. 이 때는 프라이팬에서 깨알이 톡톡 튀어오르면 다 볶아진 것이다. 검은깨의 빛깔이 싫으면 흰깨를 섞어도 좋다.

# 호두장과

1인분 열량 [ **618** *kcal* ]

호두의 지방은 대부분이 불포화지방산으로 혈중 콜레스테롤을 감소시키고, 필수지방산인 리놀레산은 혈압을 내리게 하는 효과가 있어 고혈압 예방에 좋은 식품이다. 알칼리성 식품으로 열량이 높고 지방이 60%로 가장 많이 함유되어 있다.

## 이렇게 만드세요 !

**1 호두 삶기**  호두는 끓는 물에 2분 정도 삶아 떫은맛을 제거한 뒤 찬물에 씻어서 물기를 뺀다.

**2 생땅콩 삶기**  생땅콩은 끓는 물에 5분 정도 삶아 찬물에 씻어서 물기를 빼 비린 맛을 제거한다.

**3 완자 만들기**  소고기는 다져서 양념을 하여 완자를 만든다.
- 다진 소고기는 키친타월에 올려 핏물을 빼 잡 냄새를 없앤다.

**4 조림장에 조리기**  냄비에 조림장(간장, 물)과 호두, 땅콩, 생강즙을 넣고 조리다가 소고기 완자를 넣고 같이 조린다.
- 너무 세게 저으면 완자가 깨질 수 있으므로 주의하고 호두와 땅콩에 어느 정도 간이 배였을 때 완자를 넣는 것이 맛있다.

**5 물엿 넣기**  수분이 줄면 물엿을 넣고 조린다.

NOTE **호두 맛있게 조리기** : 조리는 도중에 수저로 조림장을 계속 끼얹어 주고, 맛이 골고루 어우러지게 약한 불에서 서서히 조리는 것이 좋다. 또, 다시마 국물을 사용하여 깊은 맛을 내주며, 물엿은 미리 넣으면 딱딱해질 수 있으므로 수분이 어느 정도 줄고 나서 넣는 것이 좋다.

### 재료 [4인분]

호두 300g
생땅콩 100g
소고기 100g

**고기양념**
간장 · 설탕 · 참기름 1작은술씩
다진 마늘 1작은술
후춧가루 약간

**조림장**
간장 4큰술
물 1컵(200ml)
생강즙 1/2작은술
물엿 2큰술

# 양파 피클

양파는 지방과 콜레스테롤을 녹여 고지혈증, 동맥경화를 예방하고 심근경색, 뇌졸중, 고혈압을 예방·치료한다. 혈당을 저하시켜 당뇨병을 예방하며 칼슘이 들어있어 성장기 어린이에게 좋고 열량이 적어 다이어트에도 좋다.

## 이렇게 만드세요 !

**1 양파 자르기**  양파는 씻어서 물기를 제거한 뒤 2등분한다.

**2 고추 썰기**  마른 고추는 적당하게 썰어둔다.

**3 유리병 소독하기**  유리병을 소독하여 준비한다.
- 전자렌지에 3분 정도 돌리면 깨끗이 소독이 된다.

**4 피클 소스 끓이기**  분량대로 섞어 만든 피클소스를 끓여 차게 식힌 뒤 양파에 붓는다.

**5 피클 소스 끓여 붓기**  3일 간격으로 3번을 피클소스만 따라서 끓여 식힌 다음 다시 붓는다.

### 재료 [4인분]

양파 10개
마른 고추 5개

**피클 소스**
간장 3컵
식초 · 물 1+1/2컵씩
설탕 1컵

## Plus +

**오이 피클 만들기**
재료 : 다대기 오이 4개
피클소스 : 물 2컵, 설탕 1컵, 식초 3/4컵, 소금 2큰술, 피클링스파이스 1큰술, 월계수잎 3장
만들기 : 1. 오이는 한입 크기로 자른다.
2. 냄비에 물, 설탕, 식초, 소금을 넣고 끓인다.
3. 소독된 유리병에 오이를 담고 2를 붓고 피클링스파이스와 월계수잎을 넣는다.

4

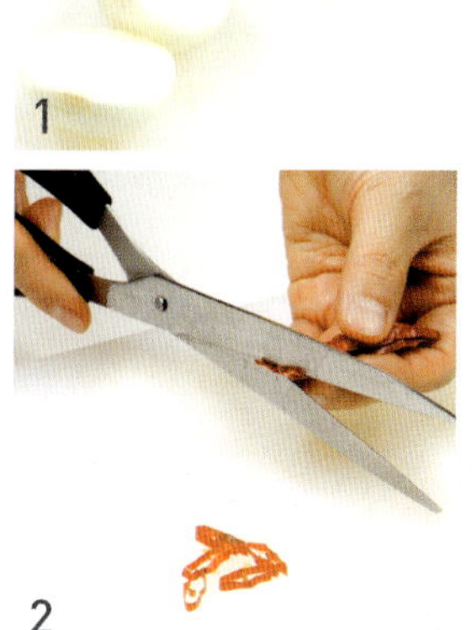

2

1

# 미역 냉채

해조류에 미끌미끌한 식이섬유의 일종인 알긴산은 노폐물과 콜레스테롤을 체외로 배출시켜 동맥경화, 고혈압, 변비, 암을 예방하며 비만 예방에도 효과적이다. 미역은 칼륨을 다량 함유하고 있어 염분을 배출시켜 고혈압을 예방하고, 칼슘과 철이 들어있어 골다공증과 빈혈을 예방한다.

## 이렇게 만드세요 !

**1 미역 불리기**  미역은 불린 뒤 깨끗이 씻어둔다.

**2 게맛살 자르기**  게맛살은 5cm 길이로 잘라 반으로 자른다.

**3 배와 파프리카 썰기**  배와 파프리카는 길이 5cm, 폭 1cm로 썬다.

　■ 배는 갈변을 막기 위해 설탕물에 잠시 담가 둔다.

**4 오렌지 자르기**  오렌지는 모양대로 자른다.

**5 냉채 소스 만들기**  분량의 냉채 소스를 준비한다.

**6 미역에 재료 넣고 말기**  미역에 게맛살, 배, 파프리카, 오렌지를 넣고 돌돌 말아 접시에 담고 소스를 뿌려낸다.

**NoTE 파프리카란 :** 파프리카는 고추에 비해 잎이 크고 과피는 피망보다 두꺼우며 과실이 크다. 피망에 비해 당도도 높고 칼로리가 낮아 다이어트에 효과적이며, 비타민 A·C의 함량이 높아 시력 보호에 좋고 상큼하고 달달한 맛에 자꾸 찾게 된다. 싱싱한 파프리카는 꼭지가 단단하고 표피에 광택이 나며 색깔이 선명하다. 생것으로 먹기도 하고 샐러드나 이태리 요리, 고기 요리에 많이 이용되고 있다.

### 재료 [4인분]

미역 30g
게맛살 4개
배 1/2개
붉은 파프리카 1개
오렌지 2개

**냉채 소스**

오렌지즙 5큰술
식초 · 레몬즙 · 설탕 1큰술씩
간장 1/2작은술
연겨자 1작은술(튜브용)
소금 · 후춧가루 약간씩

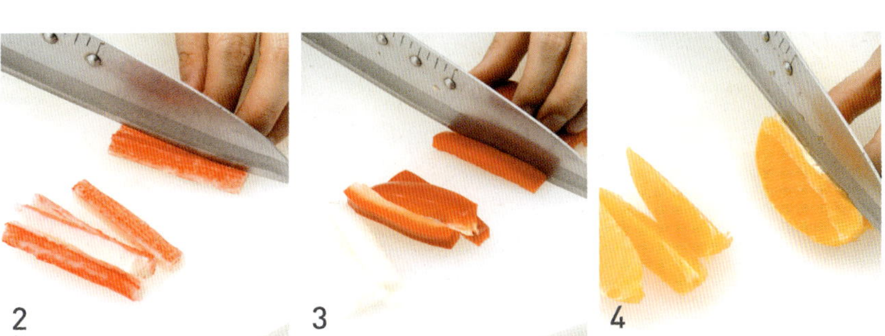

2　　3　　4

"""

# 두부 조림

1인분 열량 [ **27** *kcal* ]

두부는 아미노산, 칼슘, 철분, 무기질이 풍부하고 단백질 식품으로 아주 훌륭하다. 특히 콜레스테롤을 낮추어 주고 당뇨병 환자에게 좋으며 항암, 고혈압, 골다공증 등을 예방하고 다이어트에도 좋다.

## 이렇게 만드세요!

**1 두부 밑간하기** 두부는 납작하게 썰어 소금으로 밑간한다.

**2 두부 지지기** 두부에 녹말가루를 묻힌 뒤 프라이팬에 식용유를 두르고 지진다.
- 부드러운 맛을 원하면 지지지 않고 그냥 해도 좋다.

**3 청경채 데치기** 청경채는 끓는 물에 소금을 넣고 데친 뒤 찬물에 헹군다.

**4 조림장 만들기** 분량의 조림장을 만들고 실파와 실고추를 고명으로 준비한다.

**5 두부 조리기** 냄비에 지진 두부를 넣고 양념장을 위에 얹은 후 조리다가 청경채를 넣고 잠깐 더 윤기나게 조린다.

**6 고명 올리기** 실파와 실고추를 고명으로 올려 마무리한다.

### 재료 [4인분]

두부 1모
녹말가루 5큰술
청경채 50g
실파 2뿌리
실고추 약간
소금 약간

### 조림장

간장 3큰술
물 5큰술
설탕 · 물엿 · 맛술 1큰술씩
다진 마늘 · 다진 파 1작은술씩
참기름 · 깨소금 1큰술씩

**NOTE** 청경채는? : 청경채는 씹히는 맛이 좋아 생 쌈으로 많이 먹고, 볶음이나 조림에 많이 애용된다.

1

2

3

5

# 갈치 조림

1인분 열량 **[ 79 *kcal* ]**

갈치는 콜레스테롤을 예방해주고, 동맥경화, 고혈압, 골다공증에 효과적이다. 고단백 식품으로 칼슘, 인 등 무기질이 풍부하고 살이 연하여 어린이나 노인에게 적당하다. 고도불포화지방산인 EPA와 DHA가 높아 두뇌에 좋은 식품이다.

## 이렇게 만드세요!

**1 갈치 손질하기** 갈치는 비늘을 긁어내고 깨끗이 씻는다.
- 비늘은 비린내의 원인이며 소화가 잘 안 되므로 긁어내고 조리한다.

**2 다시마국물 만들기** 물 3컵(600ml)에 다시마를 넣고 10분간 끓여 다시마 국물(500ml)을 만든다.

**3 무와 고추 썰기** 무는 큼직하게 토막을 내고 푸른고추와 붉은고추는 어슷하게 썬다.

**4 파 자르기** 파는 반으로 갈라서 길게 잘라 놓는다.

**5 조림 양념장 만들기** 준비된 재료를 모두 섞어 조림 양념장을 만든다.

**6 갈치 조리기** 냄비에 무를 깔고 다시마 국물을 넣고 끓이다가 갈치와 조림 양념장을 넣어서 중간 불에서 뭉근하게 끓인다.

**7 고추와 대파 넣기** 갈치가 다 조려지면 고추와 대파를 넣고 국물이 자작하게 남을 때까지 조린다.

### 재료 [4인분]

갈치 4토막
다시마 국물 500ml
무 1토막
푸른고추 · 붉은고추 2개씩
대파 1대

### 조림 양념장

고춧가루 5큰술
생강즙 1작은술
다진 마늘 1큰술
설탕 2큰술
청주 · 간장 1큰술씩
굵은 소금(천일염) 1큰술
후춧가루 약간

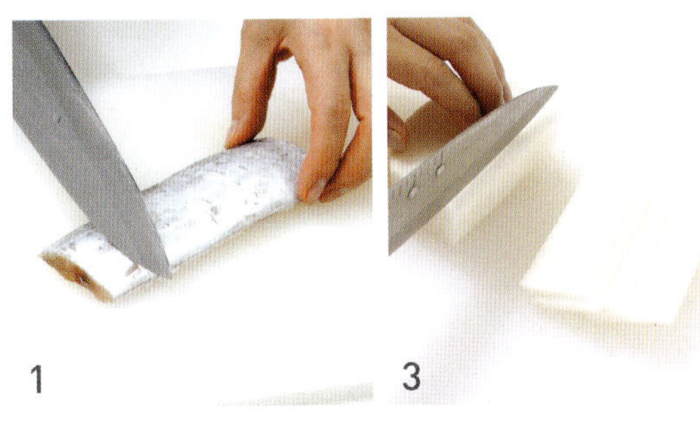

1

3

4

6

# 장어 구이

1인분 열량 [ **304** *kcal* ]

장어는 스태미나 음식으로 유명하며 콜레스테롤의 침착 방지로 동맥경화의 예방과 치료에 좋다. 비타민 A가 들어있어 시력 회복, 항암 효과, 발육 증진에 효과가 있으며 비타민 E·B, 칼슘, 인, 철, 칼륨 등 무기질이 풍부하여 허약 체질, 병후 회복, 노화 방지에 좋다.

## 이렇게 만드세요 !

**1 육수 만들기** 장어의 머리와 뼈는 육수로 준비한다.

**2 장어 소스 만들기** 분량의 장어 소스를 준비한다.

**3 장어 손질하기** 장어는 물에 씻지 않고 칼로 긁으면서 키친타월로 닦는다.

 - 물로 씻으면 비린내가 나므로 씻지 않는다.

**4 생강과 무순, 깻잎 손질하기** 생강은 가늘게 채썬 뒤 찬물에 담갔다가 물기를 제거한다. 무순은 깨끗이 씻고, 깻잎은 가늘게 채썬다.

**5 장어 조리기** 프라이팬에 장어 소스와 장어를 넣고 은근히 조리면서 소스를 끼얹어준다.

 - 너무 높은 온도에서 바글바글 끓이면 거품이 생겨 타는 정도를 알 수 없으므로 은근히 조려야 한다.

**6 접시에 담기** 조린 장어는 적당하게 잘라 접시에 담고 생강, 무순, 깻잎을 곁들여 담아낸다.

### Plus +

**장어육수 만들기**

**재료 :** 장어 대가리와 뼈(2마리분), 양파 1/2개, 대파 1대, 통후추 1큰술, 무 1토막, 물 10컵

**국물 내기 :** 장어 대가리와 뼈를 끓는 물에 데쳐 물은 버리고 다시 물, 장어 대가리와 뼈, 양파, 대파, 통후추, 무를 넣고 30분 정도 고아서 체에 걸러 사용한다.

**장어육수로 이용할 수 있는 요리 :** 장어구이, 장어탕 등

### 재료 [4인분]

민물장어 2마리
생강 50g
무순 30g
깻잎 10장

**장어 소스**

흑설탕 · 설탕 2큰술씩
물엿 · 청주 · 생강즙 3큰술씩
간장 1/3컵(70ml)
육수 1/2컵(100ml)

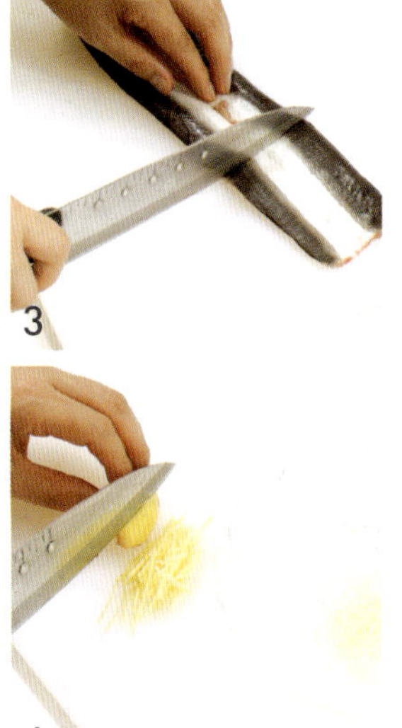

# 새싹 비빔밥

1인분 열량 [ **368** *kcal* ]

새싹채소는 비타민과 미네랄이 풍부하고 다 큰 채소보다 10배 이상이나 영양가가 높으며 콜레스테롤을 떨어뜨리는 효과가 있다. 농약을 사용하지 않은 무공해 수경재배라는 점이 인기가 높으며 항암 효과도 있다.

## 이렇게 만드세요 !

**1 소고기 밑간하기**  다진 소고기는 분량의 양념으로 밑간한다.

**2 약고추장 만들기**  약고추장은 프라이팬에 밑간한 다진 소고기를 센 불에 볶다가 고기가 익으면 고추장, 배즙, 물을 넣고 졸이다가 꿀, 통깻을 넣고 불을 끈다.

■ 한꺼번에 많이 준비해서 냉장고에 넣어두고 필요할 때 덜어 먹으면 편리하다.

**3 새싹채소 씻기**  새싹채소는 깨끗이 씻어 물기를 제거한다.

**4 달걀 익히기**  달걀은 프라이팬에 식용유를 약간 두르고 살짝 익힌다.

**5 그릇에 골고루 담기**  그릇에 보리밥을 담고 달걀프라이와 새싹채소를 골고루 담은 뒤 약고추장을 올려낸다.

NOTE **약고추장을 맛있게 먹으려면?** : 냉장고에 두고 먹으면 항상 밑반찬처럼 든든한 약고추장은 채소 쌈의 쌈장으로 먹어도 아주 좋으며 고기의 씹히는 맛과 고추장의 매콤함이 아주 잘 어울린다.

약고추장

### 재료 [4인분]

각종 새싹채소 200g
(적양배추싹, 다채싹, 배추싹,
유채싹, 알파파싹, 썰채싹,
브로콜리싹, 무순, 클로버싹)
다진 소고기 200g
달걀 4개
보리밥 4공기

**다진 소고기 밑간양념**

간장 · 설탕 1작은술씩
다진 파 · 다진 마늘 1작은술씩
후춧가루 · 참기름 약간씩

**약고추장**

고추장 1컵
배즙 3큰술
물 4큰술
꿀 · 통깻 1큰술씩

1

2

3

# 영양 달걀찜

1인분 열량 [ **80** *kcal* ]

달걀은 영양가도 우수하고 최근에는 콜레스테롤의 수치를 낮추어 주는 것으로 밝혀졌으며 하루에 1개 정도 먹는 것은 무리가 없다. 다이어트와 체력 보충에 좋으며 어린이와 임산부에게 아주 좋은 식품이다. 노른자의 레시틴은 집중력을 향상시키고, 치매와 지방간을 예방하며 항암과 혈압 강하에도 도움을 준다.

## 이렇게 만드세요 !

1 **다시마 국물 만들기**　물 3컵에 다시마(5×5cm) 2장을 넣고 은근하게 10분 끓여 다시마 국물 2컵을 준비한다.

2 **달걀 물 만들기**　달걀에 식힌 다시마 국물을 넣고 청주, 소금, 간장을 넣고 저어서 거즈에 달걀 물을 내린다.

3 **어묵, 밤 썰기**　어묵은 1cm로 썰고 밤은 구워서 1cm로 썬다.
- 밤은 겉껍질을 까고 쇠 젓가락에 끼워서 가스렌지에 구우면 된다.

4 **닭고기 데치기**　닭고기는 1cm로 썰어서 청주, 간장으로 밑간한 뒤 뜨거운 물에 데친다.
- 뜨거운 물에 데치면 잡냄새가 제거된다.

5 **은행 껍질 제거하기**　은행은 끓는 물에 데쳐서 껍질을 제거하고, 표고버섯은 뜨거운 물에 불려서 1cm 크기로 자른다.

6 **중탕하기**　준비된 재료들을 그릇에 담고 **2**의 달걀 물을 부어 9분간 중탕한 뒤 쑥갓을 넣고 불을 끈다.
- 너무 센 불에서 끓이거나 뚜껑을 닫으면 기포가 생기므로 중간 불에 뚜껑을 살짝 열고 중탕한다.

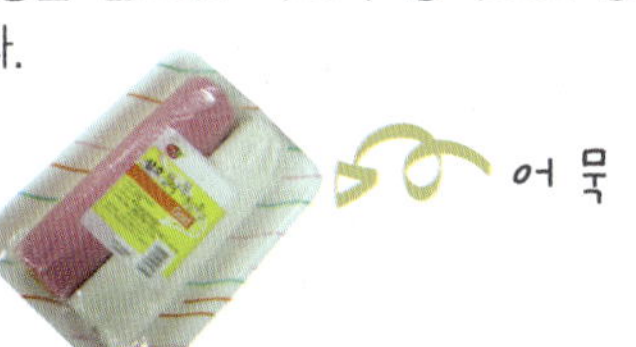




재료 [4인분]

달걀 3개
다시마 국물 2컵(400ml)
어묵 20g
밤 4개
닭 가슴살 30g
은행 9개
표고버섯 1개
쑥갓 약간
청주 1작은술
소금 · 간장 1작은술씩

 N0TE **신선한 달걀과 보관법 알아보기 :** 껍질이 까칠까칠하며 무게가 나가고 소금물에 담그면 가라앉는 것이 신선하다. 보관은 냉장고에 5℃ 정도의 온도가 적당하며 뾰족한 부분이 아래로 가게 하는 것이 좋다. 껍질에 작은 구멍이 있어 냄새를 잘 흡수하므로 주의해야 하고 계란을 씻어서 보관하면 세균의 침입이 쉬우므로 씻지 않고 그대로 보관하는 것이 좋다.

# 멸치 고추장 조림

1인분 열량 [ **122** *kcal* ]

멸치는 삶아서 말리는 대표적인 건어물로 타우린이 들어있어 콜레스테롤의 함량을 낮추고 혈압을 정상적으로 유지하게 한다. 불포화지방산인 EPA와 DHA가 들어 있어 뇌졸중, 동맥경화를 방지하고 어린이 지능 발달에도 도움을 주며 칼슘과 인의 함량이 많아 뼈를 튼튼하게 해준다.

## 이렇게 만드세요 !

**1 멸치 볶기**  멸치는 프라이팬에 기름을 두르지 않고 살짝 볶아 비린내를 없앤다.

**2 마늘종 데치기**  마늘종은 물이 끓으면 소금을 넣고 살짝 데친다.
- 데쳐서 사용하면 수분이 빠지는 것을 방지할 수 있다.

**3 실파 썰기**  실파는 송송 썰어서 준비한다.

**4 조림장 만들기**  분량의 재료를 섞어 조림장을 만든다.

**5 조리기**  프라이팬에 분량의 조림장을 넣고 끓으면 멸치와 데친 마늘종을 넣어 은근히 조린다.

**6 마무리하기**  윤기나게 조려지면 불을 끄고 송송 썬 실파, 참기름, 통깨를 뿌린다.

NOTE **멸치의 비린 맛을 제거하려면?** : 멸치를 프라이팬에 기름을 두르지 않고 살짝 볶은 뒤 사용하거나 빛에 살짝 자연건조시켜 조림을 하면 비린 맛을 없앨 수 있다. 이 때 너무 바싹 말리면 멸치가 딱딱해질 수 있으므로 주의해야 하고 생강즙을 넣으면 맛이 좋아진다.

 **재료** [4인분]

멸치 200g
마늘종 50g
실파 2뿌리
참기름 · 통깨 1작은술씩

**조림장**
고추장 · 물엿 · 물 2큰술씩
청주 · 간장 1큰술씩
생강즙 1작은술
후춧가루 약간

## ● 금주 · 금연

흡연으로 인해 일어나는 폐암은 1985년에 비해 2배 이상 높아졌다고 밝혀진 바 있으며 본
인뿐 아니라 가족이나 자녀에게도 간접 흡연이 큰 영향을 미친다. 담배의 발암물질로는 타
르와 니코틴이 있는데 타르는 향과 맛을 좌우하고 흡연 욕구를 충동하는 물질이기도 하다.
니코틴은 마약으로 분류되며 금연을 하면 금단현상이 일어나 신경질, 불안감을 느끼게 된다.

**금주·금연에 도움을 주는 음식**
무, 된장, 파래, 녹차, 복숭아, 고등어, 문어, 오징어, 연어, 토마토, 미역, 김, 솔잎,
고추, 케일, 양배추, 시금치, 당근, 오렌지, 딸기, 키위, 메론, 셀러리, 콩 등

**금주·금연에 도움을 주는 생활법**

| | | |
|---|---|---|
| 식이섬유가 풍부한 잡곡밥이나 채소를 많이 섭취한다. | 정기적으로 운동을 해서 체중 관리를 꾸준히 해야 한다. | 좋아하는 취미생활로 마음의 여유를 가진다. |
| 단 음식을 피하고 과음하지 말아야 한다. | 지방 섭취를 줄여야 한다. | 목욕이나 샤워로 몸을 청결히 한다. |
| 불포화지방산이 높은 생선을 많이 먹어 혈관을 확장시킨다. | 카페인이 많은 콜라나 커피, 자극성이 강한 맵고 달고 짠 음식은 피한다. | 물을 많이 마시고 과일주스, 채소주스를 많이 마신다. |

69 kcal

Section 06

금주 · 금연

# 식이섬유 풍부한 맛깔난 요리

188 kcal

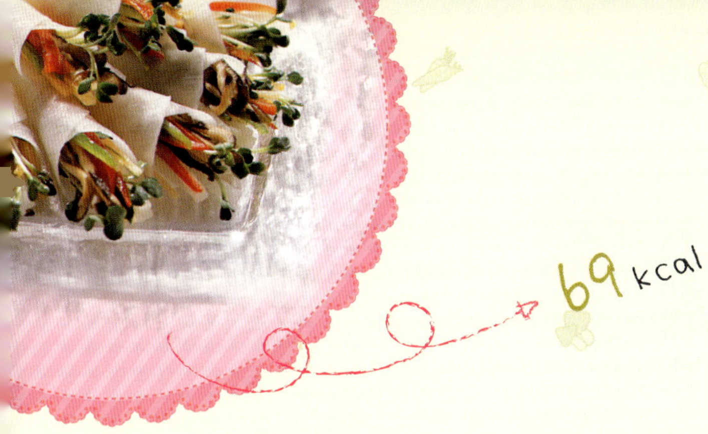

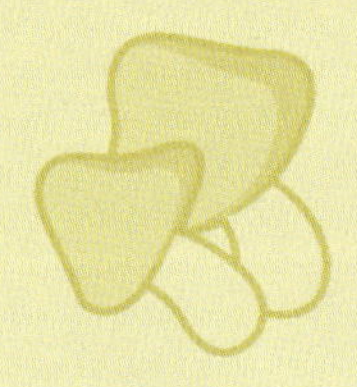

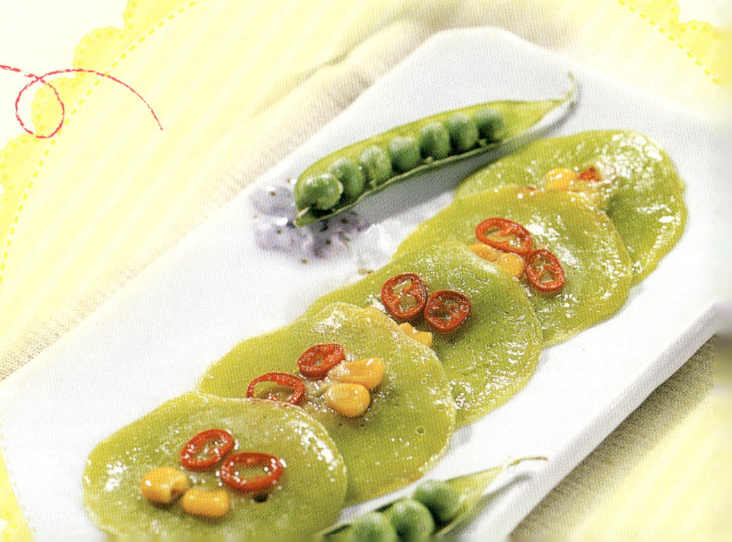

# 완두콩전

1인분 열량 [ **188** *kcal* ]

콜린이 부족하면 간에 지질이 쌓여 간경변을 일으키므로 금주를 해야 할 사람에게 콜린이 함유된 완두콩이 좋으며 양기를 보해주고 갈증을 자주 느끼는 사람뿐만 아니라 당뇨병 환자, 산모에게도 좋다.

## 이렇게 만드세요!

1 **완두콩 삶기**  완두콩은 물을 붓고 푹 삶는다.

2 **완두콩 갈기**  삶은 완두콩은 물 1컵 넣고 믹서에 곱게 간다.

3 **옥수수 물기 제거하기**  옥수수콘은 체에 밭쳐 물기를 없앤다.

4 **고추 썰기**  붉은고추는 송송 썬다.

5 **반죽하기**  2에 옥수수콘, 붉은고추, 부침가루를 넣고 반죽한다.

6 **초간장 만들기**  분량의 재료를 섞어 초간장을 만든다.

7 **전 부치기**  프라이팬에 식용유를 두르고 한 수저씩 떠서 부쳐내고 분량대로 섞은 초간장을 곁들여낸다.

### Plus⁺

**완두죽 만들기**

재료 : 불린 쌀 2컵, 완두콩 1컵, 양파 1/4개, 당근 50g, 다시마 국물 10컵, 생크림 1/2컵, 소금 약간

만들기

1. 양파와 당근은 곱게 다지고, 완두콩은 물을 붓고 삶는다.
2. 불린 쌀과 삶은 완두콩을 믹서에 넣고 물을 첨가하여 곱게 간다.
3. 2를 냄비에 넣고 다시마 국물을 부어 끓이다가 양파, 당근을 넣고 뭉근히 끓인다. 죽이 부드럽게 퍼지면 생크림을 넣고 소금간을 한다.

**재료** [4인분]

완두콩 1컵
옥수수콘 5큰술
붉은고추 2개
물 1컵
부침가루 1/2컵

**초간장**

간장 2큰술
식초 1큰술
고춧가루 1작은술

완두죽

1

2

3

# 무다시마국

 1인분 열량 [ **178** *kcal* ]

 무는 니코틴을 중화하는 해독 작용이 있어 담배를 많이 피는 사람에게 좋으며 노폐물 제거 작용과 이뇨 작용이 있어 혈압을 내려주고 담석증을 예방한다. 알코올의 해독 작용을 하며 갈증을 멎게 하고 소화에 도움을 준다.

## 이렇게 만드세요 !

1 **무 썰기**  무는 2×2cm 크기로 납작하게 썬다.

2 **소고기 자르기**  소고기는 키친타월에 올려 핏물을 제거한 뒤 적당하게 자른다.

3 **두부 썰기**  두부는 무와 같은 크기로 썬다.

4 **다시마 국물 만들기**  다시마는 물 8컵에 10분 정도 담갔다가 꺼낸다.

5 **소고기와 무 볶기**  냄비가 달궈지면 참기름을 넣고 소고기를 볶다가 무와 국간장을 넣고 계속 볶는다.

6 **국 끓이기**  소고기와 무에 간장 맛이 어우러지면 **4**의 다시마 국물을 붓고 무가 다 익으면 두부를 넣고 한소끔 끓인다.

7 **그릇에 담기**  다진 마늘, 생강즙을 넣어 잡냄새를 없애고, 다시마는 무 크기로 썰어 국그릇에 담아낸다.

### 재료 [4인분]

무 300g
소고기 300g
두부 1/2모
다시마 2장(10×10cm)
물 8컵(1,600ml)
참기름 · 국간장 2큰술씩
다진 마늘 1큰술
생강즙 1/2작은술

NOTE **다시마로 천연 조미료 만들기** : 다시마를 물에 적신 면보로 살살 닦은 뒤 적당한 크기로 잘라 마른 프라이팬에 볶고 식으면 커트기에 갈아서 냉동고에 보관해 천연 조미료로 사용한다.

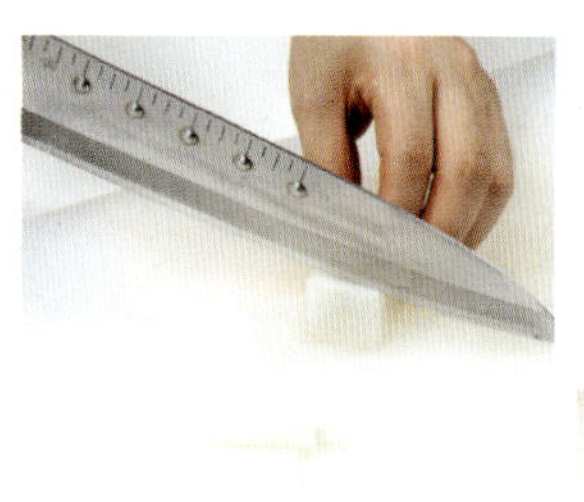
1

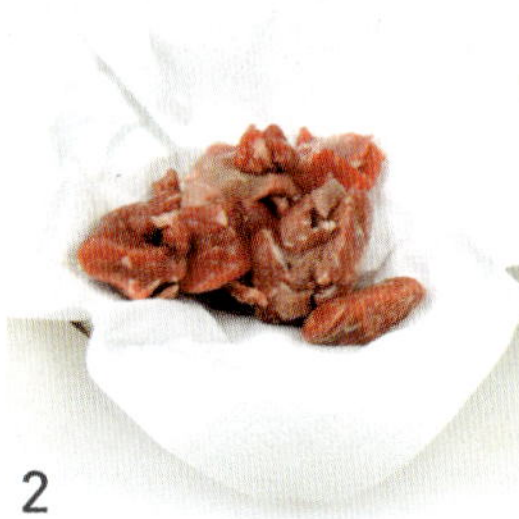
2

5

# 파래 무침

1인분 열량 [ **15 kcal** ]

파래에는 니코틴을 중화하는 탁월한 효과가 있어 흡연자뿐만 아니라 간접흡연에 노출되는 사람에게도 좋다. 비타민 A가 다량 함유되어 있고 철분 함유량이 많아 빈혈, 성장기 어린이에게 좋으며 요오드 성분이 피를 맑게 해준다.

## 이렇게 만드세요!

1 **파래 씻기**  파래는 여러 번 씻어 헹군 후 물기를 제거한다.

2 **무 절이기**  무는 가늘게 채썰어 소금에 살짝 절인다.

3 **고추 채썰기**  붉은고추는 길이대로 가늘게 채썬다.

4 **무침 양념장 만들기**  분량의 재료를 모두 섞어 무침 양념장을 만든다.

5 **무치기**  파래, 무, 붉은고추에 양념장을 넣어 골고루 무친다.

### 재료 [4인분]

파래 200g
무 50g
붉은고추 1개

**무침 양념장**
간장 3큰술
고춧가루 1작은술
다진 마늘 1작은술
식초 · 설탕 · 물엿 2큰술씩
깨소금 · 참기름 1작은술씩

## Plus +

**파래전 만들기**
파래에 소금을 넣고 주물러 깨끗이 씻은 뒤 물기를 꼭 짜고 칼로 다져서 준비를 하고 부침가루에 물을 넣고 잘 푼 뒤 다진 파래를 넣고 프라이팬이 뜨거워지면 식용유를 두르고 한 수저 씩 떠서 전을 얇게 부친다.
• 파래전은 얇게 부쳐야 제 맛을 즐길 수 있다.

1

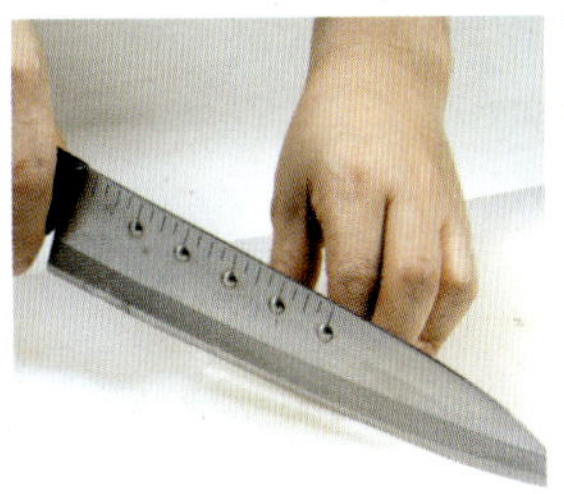

2

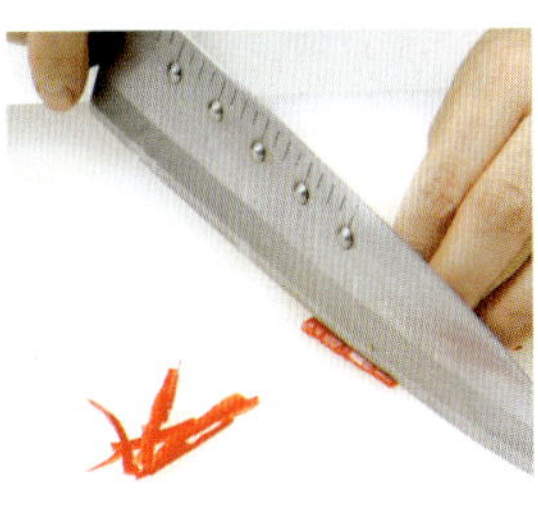

3

# 부추지짐이와 떡볶이

1인분 열량 [ **269** *kcal* ]

부추는 강장채소라고 하여 옛날부터 남성들에게 특히 인기가 있는 채소이다. 숙취해소에 큰 도움을 주고 위장을 튼튼하게 하며 구토증세를 다스리는 효능이 있다. 감기 예방에도 좋으며 장을 튼튼하게 하고 변비에 효과적이다.

## 이렇게 만드세요 !

**1** **부추 자르기**  부추는 깨끗이 씻어 3cm 길이로 자른다.

**2** **반죽하기**  부침가루에 물을 섞어 반죽을 한 다음 썰어 놓은 부추를 넣는다.

**3** **부추 지짐이 부치기**  프라이팬이 달궈지면 식용유를 두르고 반죽을 떠 놓고 얇게 지진다.

**4** **채소 썰기**  양파와 당근은 굵게 채썰고 대파는 반으로 갈라 5cm 길이로 자른다.

**5** **떡볶이 만들기**  프라이팬에 식용유 1큰술을 두르고 떡을 볶다가 물을 붓고 양파, 당근, 간장, 고추장, 물엿을 넣고 국물이 넉넉히 있을 정도로 졸여준다.

**6** **접시에 담기**  접시에 부추지짐이를 한 장 놓고 떡볶이와 국물을 넉넉히 올린다.

■ 칼로 미리 썰어놓지 않고 부친대로 곧바로 젓가락으로 찢어 먹는 것이 더욱 맛이 있다.

 **재료** [4인분]

부추 100g
부침가루 1컵
물 1컵

**떡볶이**
떡 200g
식용유 1큰술
물 1+1/2컵(300ml)
양파 · 당근 1/2개씩
대파 1대
간장 1큰술
고추장 · 물엿 2큰술씩

NOTE **추억의 그 맛 :** 여고시절 학교 앞 분식점에서 부추지짐이에 떡볶이 국물을 올려 젓가락으로 쭉쭉 찢어먹던 어릴 적 추억을 생각하며 만들어 보았다.

1

2

5

# 무 쌈

1인분 열량 **[ 69 *kcal* ]**

무는 가래를 제거하고 술독을 풀어주며 니코틴을 중화시키는 해독 작용을 하고 고혈압, 당뇨병, 뇌출혈 등을 예방한다. 비타민 C가 사과의 10배 이상 함유되어 있으며, 특히 껍질 부분에 많으므로 껍질은 깨끗이 씻어서 사용하는 것이 좋다. 비타민 A, B₁, B₂, 칼슘을 다량 함유하고 있으며 각종 소화 효소가 있고 무의 매운맛에는 항암 효과가 있다.

## 이렇게 만드세요!

**1 무 절이기**  무는 깨끗이 씻어 얇게 썬 뒤 하루 전에 절임소스에 재워둔다.

- 와사비도 따로 절임소스를 만들어 재워둔다.

**2 재료 손질하기**  배, 푸른피망, 붉은피망, 당근은 채썰고, 무순은 깨끗이 씻어 준비한다.

- 배는 설탕물에 담가 갈변을 방지한다.
- 당근은 끓는 물에 소금을 넣고 살짝 데쳐서 색을 더 선명하게 한다.

**3 표고버섯 볶기**  마른표고버섯은 뜨거운 물에 불린 뒤 물기를 제거하고 저며 곱게 채썬다. 양념을 한 뒤 프라이팬에 식용유를 약간 두르고 볶는다.

**4 겨자 소스 만들기**  분량의 양념을 섞어 겨자 소스를 만든다.

**5 무에 재료 넣고 말기**  절인 무의 물기를 제거하고 준비된 채소를 말아 접시에 담고 겨자소스를 곁들인다.

### 재료 [4인분]

무 · 배 1/2개씩
푸른피망 · 붉은피망 1개씩
당근 1개
무순 50g
마른표고버섯 5장

**절임 소스**

물 1컵
식초 5큰술
설탕 2큰술
소금 1작은술
와사비 1작은술(튜브용)

**표고버섯 양념**

간장 · 설탕 1/2작은술씩
참기름 1/2작은술
깨소금 약간

**겨자 소스**

겨자 2큰술(튜브용)
설탕 · 식초 · 물 2큰술씩
땅콩버터 1큰술
소금 약간

1    2    4

# 모둠채소 샐러드

1인분 열량 [ **6 kcal** ]

채소는 기미, 주근깨 예방에 도움을 주며 하루에 다섯 가지 색깔의 과일과 채소를 먹으면 영양의 균형이 맞추어 진다. 금연에 도움을 주며 채소의 비타민 C는 생채나 샐러드로 먹는 것이 가장 좋다.

## 이렇게 만드세요 !

1 **채소 얼음물에 담그기**  각종 채소는 깨끗이 씻어 얼음물에 잠시 담가 싱싱하게 해둔다.

2 **드레싱 만들기**  분량의 재료로 드레싱을 만든다.

3 **볼에 담기**  샐러드 볼에 채소를 담고 드레싱을 끼얹어낸다.

### Plus +

**그린 샐러드 만들기**

**재료 :** 양상추 · 파프리카 20g씩, 양파 1/2개, 팽이버섯 1봉지, 브로콜리 50g, 방울토마토 5개

**올리브 드레싱 :** 올리브유 3큰술, 식초 3큰술, 설탕 4큰술, 양파 1/2개, 키위 1개, 파인애플링 2개, 연와사비 1작은술, 소금 약간

**만들기**

1. 양상추는 한입 크기로 자르고, 파프리카와 양파는 사방 1cm로 자른다. 양파는 매운맛을 제거하기 위해 찬물에 담가둔다.
2. 팽이버섯은 먹기 좋게 떼어 놓는다. 브로콜리는 깨끗이 씻어 끓는 물에 소금과 식용유를 넣고 데친다. 방울토마토는 4등분 한다.
3. 양상추에 위의 재료들을 고루 올려 담고, 재료들을 서로 믹서한 올리브 드레싱을 뿌린다.

 **재료** [4인분]

각종 채소 200g
(비타민, 치커리, 적 치커리,
신선초, 트레비소 등)

**드레싱**

간장 · 식초 2큰술씩
설탕 1큰술
딸기 쨈 1큰술
겨자 마요네즈 1큰술

**NOTE  겨자 마요네즈란?**
: 겨자가 첨가된 마요네즈로 샐러드에 이용하면 더욱 맛이 있다.

1

2

# 연근 새우살 튀김

1인분 열량 [ **130 _kcal_** ]

연근은 니코틴을 제거하는 해독 작용이 있으며 피로 회복, 정력 강화, 신경 안정에 도움을 준다. 식물성 섬유가 풍부하여 장내 활동을 활발하게 해주고 체내의 콜레스테롤의 수치를 내리는 효능이 있다.

## 이렇게 만드세요 *!*

1 **연근 썰기**  연근은 껍질을 벗기고 0.5cm 두께로 썬 후 녹말을 묻힌다.

2 **새우 다지기**  새우는 내장과 껍질을 제거하고 곱게 다져 소금과 후춧가루로 밑간을 한다.
   ■ 새우의 내장은 등쪽 두 번째 마디에 이쑤시개로 찔러서 빼면 된다.

3 **튀김옷 만들기**  분량의 재료를 넣어 튀김옷을 만든다.

4 **튀기기**  녹말 묻혀 놓은 연근에 밑간한 새우를 넣고 튀김옷을 입혀 170°C에서 바삭하게 튀긴다.

5 **접시에 담기**  접시에 튀김을 담고 초간장을 곁들여낸다.

### Plus +

**연근조림 만들기**

**재료 :** 연근 200g, 통마늘 10쪽, 대파 1대

**조림장 :** 간장 2큰술, 다시마 국물 1/2컵(100ml), 청주 2큰술, 물엿 2큰술, 통깨 1큰술, 참기름 1작은술

**만들기 :** 연근은 0.5cm의 두께로 썰어 끓는 물에 반 정도 익혀 조림장에 통마늘과 대파를 함께 넣고 은근히 조리다가 수분이 줄면 대파는 꺼내고 물엿을 넣어 윤기를 낸 뒤 불을 끄고 참기름과 통깨로 마무리한다.

## 재료 [4인분]

연근 200g
새우 5마리
녹말 약간
후춧가루 · 소금 약간씩

**튀김옷**
밀가루 1/2컵
물 1/2컵(100ml)
달걀 노른자 1개
소금 약간

**초간장**
간장 2큰술
다시마 우린 물 · 식초 1큰술씩
설탕 1작은술

1

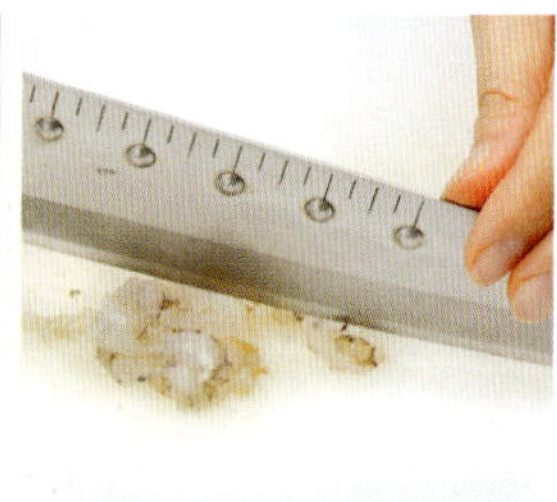

2

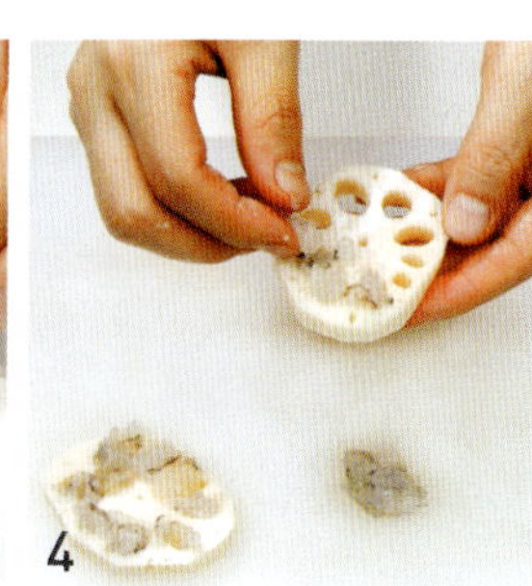

4

# 삼겹살 채소말이 쌈

1인분 열량 [ **382** *kcal* ]

돼지고기는 니코틴 해독 작용이 있으며 칼륨, 인, 미네랄이 풍부하여 노폐물을 몸 밖으로 배출시켜준다. 비타민 $B_1$이 부족하면 피로를 빨리 느끼게 되는데 비타민 $B_1$이 소고기의 7배나 많다.

## 이렇게 만드세요 !

**1 채소 손질하기**  대파는 속심을 뺀 뒤 가늘게 채썰고, 팽이버섯과 무순, 치커리는 물에 가볍게 흔들어 씻는다.

**2 소스 만들기**  분량의 재료를 섞어 소스를 만든다.

**3 삼겹살 익히기**  냄비에 맥주를 넣고 팔팔 끓으면 삼겹살을 한 장씩 익힌다.
- 맥주에 익히면 삼겹살의 지방을 빼주고 잡냄새도 제거된다.

**4 삼겹살 말기**  삼겹살이 식으면 밥을 얇게 깔고 파채, 팽이버섯, 무순, 치커리를 조금씩 넣어 말아준다.
- 삼겹살은 얇게 썰어서 말아야 잘 말아지고 두꺼워지지 않는다.

**5 접시에 담기**  접시에 담고 소스를 곁들여낸다.
- 기호에 따라 초고추장을 곁들여도 좋다.

### 재료 [4인분]

돼지고기 삼겹살 400g
맥주 1병
밥 1공기
대파 1대
팽이버섯 1봉지
무순 1팩
치커리 50g

### 소 스

연겨자 4큰술
땅콩버터 1큰술
다진 마늘 1작은술
설탕 · 식초 1작은술씩
물 2큰술

**NOTE 우리 축산물 구별하기 :** 삼겹살은 등쪽에 오돌뼈가 들어있고 선명한 선홍색을 띠며 껍질이 있는 것이 육질이 부드럽고 맛이 담백하다.

1

3

4

# 토마토 수박 주스

[ **14** *kcal* ]

### 이렇게 만드세요 !

1 **토마토 자르기**  토마토는 꼭지를 따고 깨끗이 씻어 4등분 한다.

2 **수박 자르기**  수박은 씨를 제거하고 적당하게 자른다.

3 **믹서에 갈기**  믹서에 토마토, 수박, 얼음을 넣고 간다.

 **재료** [4인분]

토마토 2개
수박 100g
얼음 5조각

 토마토는 니코틴 해독에 좋으며 소화를 돕고 피로를 풀어주며 심장질환과 전립선 암을 예방하는 라이코펜 성분이 많다. 비타민 C가 풍부하여 항암효과가 뛰어나고 콜레스테롤의 수치를 내리게 하며 뇌졸중을 예방하는 효과가 있다. 체내 수분을 조절하여 부종이 있는 사람에게 좋으며 당뇨, 변비, 비만에 좋다.

# 토마토 딸기 주스 [ *42 kcal* ]

**이렇게 만드세요 !**

1 **토마토 자르기**  토마토는 깨끗이 씻어 적당하게 자른다.

2 **딸기 씻기**  딸기는 꼭지를 따서 씻는다.

3 **믹서에 갈기**  토마토와 딸기를 믹서에 간다.

4 **우유와 레몬즙 넣기**  3에 우유, 레몬즙을 넣고 잘 저어준다.

**재료** [ 4인분 ]

토마토 2개
딸기 10개
우유 1컵(200ml)
레몬즙 1작은술

딸기는 스트레스, 항암 작용, 노화 방지에 효과적이며 새콤한 맛의 유기산과 비타민 C가 풍부하다. 동맥경화와 심장병을 막아주고 장 운동을 촉진시키며 빈혈, 고혈압 예방에도 효과적이다. 스트레스가 심한 직장인, 수험생, 성장기 어린이에게 좋다.

# INDEX 찾아보기

내 몸에 약이 되는
# 칼로리 요리

2006년 1월 15일 1판 1쇄
2009년 7월 15일 2판 1쇄

감　수 : 이건순
저　자 : 배태자
펴낸이 : 남상호

펴낸곳 : 도서출판 **예신**
www.yesin.co.kr

140-896 서울시 용산구 효창동 5-104
대표전화 : 704-4233, 팩스 : 715-3536
등록번호 : 제03-01365호(2002. 4. 18)

**값 12,000원**

ISBN : 978-89-5649-071-7